건강한 식생활을 위한

나트륨 줄이기 정책

서정희, 홍순명 지음

UUP

건강한 식생활을 위한 나트륨 줄이기 정책

■
2013년 6월 17일 초판 인쇄
2013년 6월 21일 초판 발행

- 지은이 서정희, 홍순명
- 펴낸이 이철
- 펴낸곳 UUP.(울산대학교출판부) 680-749 울산광역시 남구 대학로 93(무거동) 울산대학교 출판부
- 전화 (052)259-2488 팩스 (052)277-3011
- 홈페이지 http://uup.ulsan.ac.kr
- 출판등록 제370-1996-000001호(1996.3.13)
- ₩ 12,000

ISBN 978.89.7868.302.9 (93590)

머리말

전 세계에서 가장 바쁘게 살아가고 있는 우리나라 사람들은 영양적으로 균형을 이루지 못한 식습관을 가지고 있다는 사실을 정확하게 알지 못하고 있을 뿐 아니라 생활을 핑계로 일상화된 식습관 패턴을 바꾸기도 현실적으로 거의 불가능한 실정이다. 이러한 식습관 중에서 가장 문제가 되고 있는 부분의 하나가 짜고 자극적인 음식을 선호하여 나트륨을 지나치게 많이 섭취하고 있다는 점이다. 그러나 최근에 웰빙트렌드와 건강추구, 소비생활양식 및 힐링트렌드에 관심을 가지는 소비자들이 증가하면서 건강한 식생활을 위하여 나트륨 섭취를 줄이기 위한 다양한 정책이 개발되고 시행되고 있다.

이 책은 학계와 실무에서 나트륨 저감화에 관한 전문지식과 활용전략을 필요로 하는 전문연구자들, 외식업계 종사자들, 나트륨 저감화 정책을 구상하고 시행하는 공무원들, 나트륨 저감화 운동을 기획하고 실천하는 운동가들, 건강과 영양문제 전문기자들, 나트륨 저감화에 관심이 많은 식품영양학과 소비자학 분야의 대학원생과 학부 고학년생을 타깃 독자로 삼았다. 그러므로 대학원이나 학부에서 개설되는 영양교육 관련과목이나 소비자교육 관련 과목 등에서 부교재로 사용될 수 있다.

이 책은 모두 3부로 구성되어 있다. 나트륨과 건강을 다룬 제 1부는 3장으로 구성하였다. 제 1장에서는 소금의 종류와 나트륨이 많이 들어있는 식품첨가제에 관하여 알아보고, 지나친 나트륨 섭취가 건강에 미치는 해로운 영향에 대하여 기술하였다. 소비자들은 일반적으로 나트륨이 소금에만 들어있다고 생각하는 경우가 많다. 그러나 소금뿐 아니라 다양한 첨가물에도 나트륨이 많이 함유되어 있다는 사실을 모르는 소비자들이 많은 실정이고, 소금의 종류도 매우 다양하기 때문이다. 제 2장에서는 나트륨필요량 추정에 사용될 수 있는 지표, 나트륨 필요량에 영향을 주는 요인, 나트륨 섭취기준설정 등을 통하여 나트륨의 필요량을 추정하고 우리나라 사람들의 나트륨 섭취량과 주요 섭취급원음식에 관하여 기술하였다. 제 3장에서는 선행연구를 통하여 소비자들의 나트륨섭취량 감소, 필요성, 인지도 및 실천도, 가공식품과 외식을 대상으로 하여 나트륨에 관한 소비자 영양표시 인식 등을 알아보았다.

나트륨 저감화를 위한 제도적 방안을 분석한 제 2부는 모두 4장으로 구성하였다. 나트륨 과잉섭취의 폐해를 줄이기 위하여 다양한 정책을 추진한 선진국들은 나트륨 섭취량을 크게 감소시킨 것으로 밝혀졌기 때문이다. 우리나라도 보건복지가족부의 국민건강증진종합계획의 분야별 세부 추진계획 중 영양부분에서 만성질환 예방 및 관리의 세부항목으로 나트륨을 1일에 2,000mg이하로 섭취하는 인구비율(만 6세 이상)을 2002년 13.9%, 2005년 9.5%, 2010년 15.0%로 증가시키는 것을 목표로 정부가 2006년부터 다양한 나트륨 저감화사업을 시행하고 있다. 제 4장에서는 국민영양관리법의 내용과 국민건강 실태를 분석하고 국민영양정책의 주요 내용을 설명하였다.

제 5장에서는 우리나라를 비롯한 주요 선진국의 영양표시제도에 관하여 설명하였다. 영양표시제도는 소비자의 합리적인 선택을 돕고, 동종 또는 유사한 외식업 간에 경쟁을 유도하여 영양적으로 좋으면서 맛도 있는 음식을 공급하게 하는 유인책이 될 수 있다는 점에서 중요한 정책이 될 수 있기 때문이다. 나트륨을 적게 먹기 위해서는 나트륨의 과잉섭취가 우리 몸에 미치는 해로운 영향을 이해하고, 생활 속에서 실천할 수 있도록 영양교육이 이루어져야 한다고 보고, 제 6장에서는 우리나라 현재 개발되어 진행되고 있는 다양한 나트륨 줄이기와 관련된 영양교육 프로그램을 안내하였다. 제 7장에서는 나트륨 줄이기 추진체계와 운동에 관하여 설명하였다. 나트륨 줄이기 운동은 실천의 중요한 대상인 사람, 또는 소비자가 가장 활발하게 참여하고 체

험할 수 있는 장을 제공하고, 소비자는 나트륨 줄이기 운동에 직접 참여해서 체험을 함으로써 단순히 머리로만 아는 지식이 아니라 몸으로 실천할 수 있는 역량을 기를 수 있기 때문이다.

나트륨 줄이기 참여 건강음식점의 행태 변화를 다룬 3부에서는 1차 나트륨 줄이기에 참여한 건강음식점의 행태 변화를 조사하여 분석하였다. 외식비와 외식횟수가 증가하고 외식산업이 성장하면서 식생활의 외식의존도가 높아지고 있을 뿐 아니라, 외식이 건강에 미치는 영향력도 점점 커지고 있기 때문이다. 제 8장에서는 연구의 의의와 방법을 설명하고, 나트륨 줄이기 참여 음식점의 특성을 제시하였다. 제 9장에서는 나트륨을 줄인 건강음식점에 지정된 후 줄인 나트륨의 양, 저나트륨 조리방법과 기술을 어느 정도로 개발했고 또 사용했는지를 설명할 것이다. 또한 나트륨을 줄이기 위한 노력을 하지 않는다면 그 이유는 무엇인가도 알아보았다. 제 10장에서는 나트륨을 줄인 메뉴를 제시하고, 저나트륨 메뉴에 대한 고객의 반응과 만족, 매출의 변화에 관하여 설명하였다.

2013년 3월 25일부터 식품의약품안전청이 식품의약품안전처로 승격되었다. 식품의약품안전처 승격에 따라 그동안 사용되었던 KFDA(Korea Food & Drug Administration)의 영문이름이 Ministry of Food and Drug Safety로 MFDS 영문이름과 CI 그리고 홈페이지는 http://www.mfds.go.kr로 바꾸고 새로운 출발을 시작하였다. 그래서 본 서에서 인용된 기존의 자료는 식품의약품안전처로 바꾸어 표기하였다.

마지막으로 여러 가지 어려움이 있음에도 불구하고 이 책이 나오기까지 애써 주신 울산대학교 출판부와 도움을 준 제자들에게 깊은 감사를 드립니다. 무엇보다도 함께 프로젝트를 하면서 이 책을 쓸 수 있도록 지혜와 시간을 허락해 주신 하나님께 감사를 드립니다.

2013년 6월

서정희, 홍순명

목 차

3부 나트륨 줄이기 참여 건강 음식점의 형태변화

제1부

나트륨과 건강

바쁘게 돌아가는 현대사회에서 사람들은 많은 스트레스와 불규칙한 식사습관 및 불균형한 식단으로 여러 가지 만성적인 질환에 노출되어 있다(김혜경, 1995). 특히 우리나라는 경쟁이 치열하기 때문에 어느 때보다 바쁘게 살아가는 직장인 뿐 아니라, 초등학생과 중학생들은 학교수업을 마친후 학원수업과 과외 등으로 바쁘고, 고등학생들은 정규수업을 마치고 학교에서 보충과 야간자율 학습등으로 밤 10시까지 학교에서 있기 때문에 점심과 저녁을 학교에서 단체급식으로 때우고, 밤 10시 이후에는 학원수업이나 과외 등을 12시까지 하는 경우도 허다하다.

이러한 환경 때문에 영양적으로 균형을 이루지 못한 식습관을 가지고 있다는 사실을 알지 못하고 있는 사람들이 너무 많고, 설사 알고 있다고 하더라도 바쁜 생활을 핑계로 일상화된 식습관 패턴을 바꾸기가 현실적으로 거의 불가능한 실정이다. 이러한 식습관 중에서 가장 문제가 되고 있는 부분의 하나가 짜고 자극적인 음식을 선호하여 나트륨을 지나치게 많이 섭취하고 있다는 점이다. 그러나 최근에 웰빙 트렌드와 건강추구 소비생활양식 및 힐링트렌드에 관심을 가지는 소비자들이 증가하면서 나트륨 섭취를 줄이기 위한 다양한 정책이 개발되고 시행되고 있다

제 1 장

나트륨 과잉섭취와 건강

소비자들은 일반적으로 나트륨이 소금에만 들어 있다고 생각하는 경우가 많다. 그러나 소금뿐 아니라 다양한 첨가물에도 나트륨이 많이 함유되어 있다는 사실을 모르는 소비자들이 많은 실정이고, 소금의 종류도 매우 다양하다. 이 장에서는 소금의 종류와 나트륨이 많이 들어있는 식품첨가제에 관하여 알아보고, 지나친 나트륨 섭취가 건강에 미치는 해로운 영향에 대하여 기술하고자 한다.

1. 소금의 종류와 나트륨 함량

최근에 지나친 나트륨의 섭취가 건강에 안좋은 영향을 미친다는 보도가 자주 등장하고, 소비자들도 나트륨에 관한 관심이 증가하고 있다. 이러한 소비자들의 나트륨에 대한 부정적 인식이 확산되면서 다양한 형태의 소금이 시판되고 있다. 그러나 일반 소비자들은 다양한 명칭으로 판매되고 있는 소금에 대하여 정확한 지식을 가지지 못한 상황에서 비싼 소금 또는 가공된 소금을 사는 경우가 많이 있다. 건강에 관심을 가지고 있는 소비자뿐 아니라 일반 소비자들도 저염식을 구체적으로 실천하기 위해서는 소금에 관한 기본적인 지식을 알고 있어야 한다(박혜련, 2007).

1) 나트륨과 소금

나트륨(Na)은 소디움이라고도 표현되며 소금의 구성성분이다. 소금의 화학구조는 NaCl로 나트륨과 염소가 결합한 형태이며 소금의 40%가량은 나트륨으로 구성되어 있다. 소금의 구성분인 나트륨은 체내에서 수분량을 조절하는 등 생명유지에 꼭 필요한 역할을 하고 있다. 일상적인 식생활을 하는 사람들은 나트륨이 부족할 염려는 거의 없다.

2) 저나트륨 소금과 일반 소금의 차이

시중에는 죽염, 녹차염, 볶은 소금, 천일염 등등 다양한 상표명의 소금이 판매되고 있고 각각의 건강 관련 주장도 다양하다. 그러나 녹차성분이 첨가되거나 맛소금처럼 조미료 성분이 첨가되거나 또는 더많은 정제과정을 거쳐 순도를 높였더라도 나트륨의 함량은 거의 비슷하므로 고혈압에 미치는 영향은 같다고 보아야한다. 다만 1/2솔트, 하프솔트 등은 나트륨 함량을 반 정도로 낮추기 위해 일부를 염화칼륨, 황산마그네슘 등으로 대치한 것 들이다.

식품의약품안전처는 가공소금을 고혈압 등에 효능이 있다고 허위광고하고 안약 · 여드름치료제로 판매한 인천 남동구 소재 (주)선맥 대표 박○○(남, 41세)를 식품위생법 제13조(허위표시등의 금지)와 약사법 제61조(판매등의금지) 위반혐의로 적발하여 검찰에 송치하였다. 조사결과 박씨는 '07년 8월경부터' 10년 3월경까지 1,000℃로 가열한 소금이 "고혈압, 기관지천식, 여드름 염증"등 질병치료에 효과가 있다고 광고하면서 3시간 가열한 소금은 300g당 8,000원, 1,000시간 가열한 소금은 30g당 30만원에 판매하였다. 또한, 소금을 이용해 '점안액 선아이샤워', '코스프레이' 등 5종(판매량 : 3,871개)의 안약 등을 무허가로 제조하여 인터넷쇼핑몰(www.bitsotgum.co.kr, www.mac19.com)과 소금체험관 등을 통해 시가 10억 상당을 판매한 것으로 드러났다. 문제된 "선맥빛소금"은 통상 식품으로 섭취하는 소금의 양을 1.8배 초과한 9g을 섭취토록 표시 되어 있어 고혈압과 신장질환 환자의 경우 증세를 악화시킬 수 있기 때문에 식약처는 “선맥빛소금” 제품을 압류 조치하고 소비자들이 허위과대광고에 현혹되어 구입하지 말 것을 당부하였다(식약처 보도자료).

3) 저염, 무기염의 차이

우리나라에서도 가공식품의 포장지에 무염 또는 저염이란 표시를 할 때는 식품위생법에서 정한 기준을 따르도록 규정되어 있다. <표 1-1>에는 무나트륨과 저나트륨의 사용기준이 제시되어 있다. 저나트륨 표시는 식품 100g당 나트륨 함량이 120mg 미만일 때, 무나트륨 표시는 100g당 5mg 미만일 때 가능하다. 그러나 무기염이란 표시는 소금을 추가로 첨가하지 않았다는 표시로서 본래 식품 중에 포함된 나트륨 함량은 오히려 높을 수도 있고 본래보다 나트륨 함량을 1/2로 낮췄다 하더라도 여전히 나트륨 함량이 높을 수 있으므로 식품의 영양표시를 꼼꼼히 확인할 필요가 있다. 최소 1일 권장량의 10% 이상의 차이가 있어야하며 함량 차이의 절대값이 “저”의 기준값보다 커야 나트륨감소라는 문구를 사용할 수 있다.

이러한 규정이 있음에도 불구하고 소비자가 ‘저나트륨’ 제품을 선택하는 일은 매우 어려운 실정이다. 시판되고 있는 제품중에는 ‘덜짜다’, ‘소금 함량을 줄였다’ 등의 문구가 적혀있어 소비자를 현혹하는 경우가 있기 때문이다. 우리나라의 식품위생법에서는 종전제품들보다 나트륨함량을 25%를 줄여야 저나트륨 제품이라 표시할 수 있도록 규정하고 있다. 그러므로 ‘덜짜다’, ‘소금 함량을 줄였다’ 등의 문구가 적혀있는 제품들은 종전 제품에 비해 나트륨 함량을 약간만 낮춘 제품일 수 있으니 선택에 주의해야 한다(김아영, 2012). 즉 소비자들은 저나트륨제품이라는 문구가 부착되어 있는 제품을 선택해야 한다.

〈표 1-1〉무나트륨과 저나트륨의 사용기준

	사용기준
무나트륨	식품 100g당 5mg미만일 때
저나트륨	식품 100g당 120mg미만일 때
나트륨감소	최소 1일 권장량의 10% 이상의 차이가 있어야하며 함량 차이의 절대값이 "저"의 기준값보다 커야 한다.

출처: 식품의약품안전처

4) 베이킹파우더와 MSG

나트륨은 식품 자체에도 함유되어 있지만 조미료, 베이킹파우더, 발색제 등 첨가물에도 포함되어 있다. 현대산업사회에 살고 있는 소비자들의 나트륨 섭취량은 식품 자체에 들어 있는 양, 가공식품에서 섭취하는 양 그리고 조리할 때 양념으로 첨가하는 양이 거의 비슷한 것으로 추정되고 있다. 식감이나 보존성 등을 높이기 위해 사용하는 식품첨가물에도 나트륨 성분이 포함되어 있기 때문에 피로 회복제, 과자, 아이스크림 등에도 나트륨이 들어 있다.

〈표 1-2〉나트륨 규격이 정해진 식품의 유형

구분				
환자용식품	저나트륨 식품		표시량 이하	표시량 이하
			시티딜산이나트륨	우리딜산이나트륨
영·유아용 식품	조제유류	조제분유, 조제우유	0.142g/kg 이하	
		성장기용 조제분유, 조제우유	0.142g/kg 이하	0.099g/kg 이하
	영아용 조제식		0.142g/kg 이하	0.099g/kg 이하
	성장기용 조제식		0.142g/kg 이하	0.099g/kg 이하
	영·유아용 곡류식		0.142g/kg 이하	0.099g/kg 이하
	기타 영유아식		0.142g/kg 이하	0.099g/kg 이하
먹는 샘물	염소이온(Cl-)으로 수질 기준 250mg/l 이하			

<표 1-2>에는 환자용식품, 영유아용 식품 및 먹는 샘물에 대하여 나트륨규정을 정하고 있다. 환자용식품의 저나트륨식품은 표시량 이하로 규정하고 있다. 대표적인 영유아식품인 조제분유와 우유, 영아용조제식, 성장기용 조제식, 영유아용곡류식, 기타영유아식에서는 시티딜산이나트륨을 0.142g/kg 이하로

사용하도록 규정하고 있고, 우리딜산이나트륨은 0.099g/kg 이하로 사용하도록 규정하고 있다. 먹는 샘물은 염소이온(Cl-)으로 수질 기준 250mg/*l* 이하로 사용하도록 정해져 있다.

베이킹파우더(중탄산나트륨), 글루탐산나트륨(MSG), 카세인산나트륨, 아질산나트륨, 벤조산나트륨, 단맛을 위해 사용되는 사카린나트륨 등과 같은 화학첨가물이 대표적으로 많이 사용되고 있다. 최근에 광고에도 등장하고 있어 관심을 끌고 있는 카세인산나트륨은 우유의 단백질 성분인 카세인과 나트륨을 합성해 만든 물질로 커피믹스나 과자, 건강식품의 원료로 쓰인다. 아질산나트륨은 햄이나 소시지, 베이컨 등에 흔히 쓰이는 발색제다. 그러므로 소비자들은 가공식품을 살 때 이러한 성분이 포함되어 있는지를 살펴보는 지혜가 필요하다. <표 1-3>에는 합성감미료 및 산화방지제 등 일부 품목에 대하여 개정된 사용기준이 제시되어 있다.

〈표 1-3〉 합성감미료 및 산화방지제 등 일부 품목의 사용기준 개정

(단위: g/kg 이하)

용도	품목명	주요 개정내용
합성감미료	삭카린나트륨	• 팥 등 앙금류 : 1.0 → 0.2 • 특수의료용도등식품 : 1.2 → 0.2 • 체중조절용 조제식품 : 1.2 → 0.3 • 시리얼류 : 1.2 → 0.1
표백제	산성아황산나트륨 아황산나트륨 차아황산나트륨 무수아황산 메타중아황산칼륨 메타중아황산나트륨	• 물엿 : 0.30 → 0.20 • 기타엿 : 0.40 → 0.20 • 건포도 : 2.0 → 1.5 • 냉동생게(껍질을 벗긴 살로서) : 0.10 • 발효식초 : 0.170 → 0.10

※ 출처 : 식품의약품안전처 보도자료

2010년에는 수원 팔달구에서 막걸리를 마시고 숨진 남성 2명의 사인이 독성물질인 아질산나트륨 중독으로 조사됐다. 경찰은 이 물질이 막걸리 병에 주입된 정황을 수사하고 있으며, 주변 인물을 상대로 추가 조사에 착수한 상태다. 수원남부경찰서는 6일 "국립과학수사연구소의 부검과 정밀감정결과 숨진 조모(50)씨와 이모(41)씨의 위 내용물과 이들이 마신 막걸리 통에서 모

두 아질산나트륨이 검출됐다"며 "아질산나트륨 중독에 의해 사망한 것으로 보인다"고 밝혔다.

아질산나트륨은 육류나 젓갈 제품에 쓰이는 화학물질로 체내에 들어가면 헤모글로빈을 파괴하는 등 독성이 강해 식품위생법에 의해 엄격히 규제되고 있으며 시중에서는 구하기 어려운 품목이다. 때문에 경찰은 피해자 주변에 이 물질을 취급하는 사람이 있는지에 대해 조사하고 있다. 한편 조씨와 이씨는 지난달 21일 오전 11시40분께 수원시 팔달구 인계동 조씨의 집에서 막걸리를 함께 마신 후 복통을 호소하다 병원으로 옮겨졌으나 2명 모두 1~2시간 만에 숨졌다(수원일보 2010년 6월 7일).

대부분의 청량음료에 사용되는 방부제 성분이 미토콘드리아의 DNA를 손상시켜 파킨슨병 등 퇴행성 뇌질환을 유발할 수 있다는 연구 결과가 나왔다. 영국 일반 인디펜던트는 셰필드대 피터 파이퍼 교수가 1999년 이후 안식향산나트륨을 지속적으로 연구해 온 결과, 이 같이 결론을 내렸다고 2007년에 영군신문이 보도했다. 안식향산나트륨은 청량음료뿐 아니라 과일 음료, 채소 음료 등 주로 음료수에 널리 사용되는 방부용 첨가물이다. 오이피클이나 잼, 과자 등 다른 식품류에도 사용되지만 주로 음료수를 통해 섭취된다. 파이퍼 교수는 살아 있는 효모균 세포에 안식향산나트륨을 가하자, 세포의 가장 중요한 부분 중 하나인 미토콘드리아가 심각한 손상을 입는 것을 발견했다. 그는 "미토콘드리아는 산소를 소비해 에너지를 만들어 내는 세포의 중추적 부분으로 이곳이 손상을 입으면 세포가 잘못된 기능을 하게 돼 파킨슨병이나 여러 가지 뇌기능이 퇴화되는 질병으로 발전할 수 있고, 무엇보다 노화를 촉진하게 된다"고 경고했다.

안식향산나트륨은 암과 기형아 유발 가능성 등이 이미 여러 차례 제기돼 1일 섭취 허용량이 다른 첨가 비해 낮은 편이다. 그러나 청량음료를 탐닉하는 어린이와 성인 대부분은 허용량 이상을 섭취하고 있는 것으로 보인다.

파이퍼 교수는 특히 청량음료에 중독된 어린이들이 지나치게 많은 음료수를 마시는 것을 걱정했다. 그는 "식료품업계는 이 첨가물이 이미 검증됐고 완전히 안전하다고 주장할 것"이라면서 "그러나 미국 식품의약국(FDA) 등이 과거에 행했던 실험들은 요즘의 안전 기준에는 미달하며, 더 엄격한 테스트가 필요하다"고 주장했다 (한국일보 2007년 5월 27일).

보존제로 사용되는 식품첨가물인 안식향산나트륨은 일부 식품에만 일정량 이하를 사용하도록 허용되어 있고, 허용 식품이외에는 사용이 금지되어 있다. 식품의약품안전처는 영진약품공업(주)에서 제조 · 판매한 '영진진쌍화' 액상차에 사용이 허용되지 않은 '안식향산나트륨(식품첨가물)'을 사용함에 따라 관할 전라북도(익산시)에 행정처분 및 회수 조치하였다. 이 제품은 서울시(보건환경연구원) 검사결과 안식향산(보존료) 검출(0.32g/kg)이 확인되었다. 회수조치 대상 '영진진쌍화(구, 영진쌍화골드 제품 포함)' 제품은 '08.9.1일부터'10.6.23일까지 생산한 제품으로 총 3,263,800병(100ml/병, 326,380l)이고, 유통기한은 제조일로부터 24개월이다.

안식향산나트륨의 사용기준은 다음과 같다.

① 과일 · 채소류음료(비가열제품 제외), 탄산음료류(탄산수 제외), 기타음료(분말음료 제외), 인삼 · 홍삼음료, 한식간장, 양조간장, 산분해간장, 효소분해간장 및 혼합간장 : 0.6g/kg 이하

② 알로에 전잎 및 알로에 겔 건강기능식품(단, 두 가지 이상의 건강기능식품원료를 사용하는 경우에는 알로에 건강기능식품 사용함량 비율에 따름) : 0.5g/kg 이하

③ 오이초절임 및 마요네즈 : 1.0g/kg 이하

④ 잼류 : 1g/kg 이하(소르빈산, 소르빈산칼륨, 소르빈산칼슘, 파라옥시안식향산메틸, 파라옥시안식향산에틸, 프로피온산, 프로피온산나트륨 및 프로피온산칼슘과 병용할 때에는 소르빈산, 안식향산, 파라옥시안식향산 및 프로피온산의 사용량의 합계가 1g/kg 이하)

⑤ 망고처트니 : 0.25g/kg 이하(파라옥시안식향산메틸 및 파라옥시안식향산에틸과 병용할 때에는 안식향산 및 파라옥시안식향산의 사용량의 합계가 0.25g/kg 이하)

⑥ 마가린류 : 1.0g/kg 이하(소르빈산 및 소르빈산칼륨 및 소르빈산칼슘과 병용할 때에는 소르빈산 및 안식향산의 사용량의 합계가 1.0g/kg 이하, 다만 저지방마가린 (지방스프레드)의 경우 사용량의 합계가 2.0g/kg 이하이어야 하며 그 중

안식향산의 사용량이 1.0g/kg 이하)

2. 나트륨 과잉 섭취가 건강에 미치는 영향

나트륨(sodium, Na)은 염소(chloride, Cl)와 함께 세포외액의 중요한 양이온(Na^+)과 음이온(Cl^-)으로서 삼투압 유지와 수분 평형에 관여하며, 산염기의 균형을 조절하고 정상적인 근육의 흥분성을 유지하고 신경 자극을 전달하는데 중요한 역할을 하고(최영선 등, 2006), 소장에서 포도당과 아미노산의 흡수에도 작용한다(김미경 등, 2005). 또한 나트륨은 세포막 전위를 조절하고 세포가 영양분을 섭취하는 것을 돕고, 혈압과 신경의 흥분을 조절해 신호를 전달하거나 근육의 수축작용, 영양소의 이동 등과 같은 중요한 생리적 기능을 하는 체내 필수 물질중 하나이다(보건복지부, 한국영양학회, 식품의약품안전처, 2010).

나트륨과 염소는 주로 염화나트륨(NaCl) 형태로 섭취되어 위에서 일부 흡수되고, 소장을 통하여 에너지를 필요로 하는 능동적 수송에 의하여 섭취한 양의 95% 정도가 흡수되고, 약 5%만이 대변을 통하여 배설된다. 흡수된 나트륨은 혈액에 의하여 신장으로 운반되고 걸러져 체내에서 요구되는 수준을 유지하는데 필요한 양만 혈액으로 되돌아온다.

부신피질호르몬인 알도스테론에 의하여 나트륨 배설이 조절되며, 체내 나트륨의 요구량이 증가하면 알도스테론도 증가하여 소화관으로부터 나트륨 흡수에 자극을 주나 신장으로부터 나트륨 재흡수를 촉진시킨다. 이와 반대로 나트륨 섭취가 많아지면 알도스테론이 감소되어 나트륨 배설을 증가시키되 뇌의 시상하부에 있는 갈증중추를 자극하여 수분섭취를 증가시킨다. 알도스테론 결핍증인 에디슨병을 앓고 있는 환자는 소변으로 나트륨을 지나치게 배설하고 날씨가 더우면 피부를 통하여 땀으로 0.5~3g/L의 나트륨을 배설한다. 또한 나트륨은 담즙이나 췌액 등 소화액에 함유되어 있으나 대부분 재흡수된다(서광희, 서정숙, 이복희, 이승교, 최미숙, 2011). 1일 섭취량의 85~95%가 소변을 통해서 배설되고(Pietinen, 1982) 대변과 땀으로도 일부 배설된다.

우리나라 사람들은 음식을 통하여 소금을 많이 먹고 체내에도 상당량 보유되어 있기 때문에 나트륨 결핍증은 흔하지 않다. 그러나 발한에 의한 체중 손실이 체중의 3%(약 2~3kg)를 초과할 경우 나트륨 손실을 보충해 주어야 한다. 나트륨이 결핍될 경우 무기력, 메스꺼움, 구토, 짜증, 어지럼증, 성장감소, 식욕부진, 모유분비의 감소, 근육경련 등이 나타나기 때문이다(최영선 등, 2006; 서광희 등, 2011).

그러나 나트륨의 과잉 섭취는 혈압 상승(Meneton 등, 2005; He와 MacGregor, 2007), 뇌졸중, 심근경색, 심부전 등의 심장질환(Cook 등, 2007; Tuomilehto 등, 2001) 및 신장질환의(Cianciaruso 등, 1998; Swift 등, 2005) 발병 위험률을 증가시키는 것으로 알려져 있다. 습관적으로 나트륨을 다량 섭취하면 고혈압을 부를 뿐 아니라 혈관손상을 촉진시켜 결과적으로 심장병이 발생할 위험성을 크게 높이게 될 것이라는 지적이 나왔다. 장기간 다량의 나트륨을 섭취한 사람들에게서 혈관손상에 따른 혈관 내피세포 기능장애가 나타났고, 이로 인해 고혈압과 심혈관계 제 증상이 발생한 비율이 유의할만한 수준으로 증가했다. 미국 하버드대학 의대의 존 P. 포먼 박사 연구팀은 미국 심장협회(AHA)가 발간하는 학술저널 '혈액순환'誌(Circulation) 온라인판에 게재한 보고서에서 이같이 밝혔다.

미국심장협회에서는 하루 최대 나트륨 섭취량을 2013년에는 2g, 2020년에는 1.5g으로 낮추도록 제안하고, 식품 제조업체와 식당은 향후 10년에 걸쳐 음식에 넣는 소금의 양을 반으로 줄일 것을 요구하고 있다. 미국 식품의약품안전처에서도 미국인을 위한 식사 지침에 한 사람의 하루 나트륨 섭취량이 2.3g을 넘으면 안되고, 고혈압, 당뇨, 만성 신장질환을 앓는 사람은 1.5g 이하가 되어야 한다고 권고하고 있다. 영국에서는 매년 관상심장질환과 뇌졸중으로 거의 3만 5천명이 사망하고 있다. 최근 메타 분석에 의한 연구 결과 하루 소금 섭취량을 6g으로 감소하면 뇌졸중을 24%, 관상심장질환을 약 18% 감소시킬 수 있으며, 이완기혈압은 고혈압군의 경우 7/4mmHg 감소되고, 정상군의 경우 4/2mmHg 감소된다(He & MacGregor, 2003).

포먼 박사팀은 네덜란드 흐로닝언 지역에서 총 5,556명의 남·녀를 대상으로 나트륨 섭취실태를 추적조사했었다. 피험자들은 고혈압으로 인해 약물을 복용하지 않는 이들로 충원됐다. 추적조사를 진행한 결과 나트륨 섭취량이 많았던 그룹의 경우 혈관 내피세포 기능장애 생체지표인자들의 증가와 밀접한 상관관계를 내보여 주목됐다. 여기서 언급된 생체지표인자들이란 높은 혈중 요산 수치와 뇨중 알부민 배출량 증가 등이다. 실제로 이번 추적조사에서 나트륨 섭취량이 1g 늘어날 때마다 혈중 요산 수치는 1.2μmol/L, 뇨중 알부민 배출량은 1일 4.6mg 늘어난 것으로 파악됐다. 이와 함께 나트륨 섭취량이 많으면서 혈중 요산 수치가 높게 나타났고, 뇨중 알부민 배출량이 증가한 조사대상자들에게서 고혈압 발생률이 증가했음이 눈에 띄었다고 연구팀은 덧붙였다. 포먼 박사는 "장기간에 걸쳐 나트륨을 다량 섭취할 경우 혈중 요산 수치와 뇨중 알부민 배출량이 증가하면서 고혈압이 발생할 위험성이 높아지게 될 것"이라고 결론지었다(이덕규, 2012).

염화나트륨이 많이 포함된 짠 음식을 지나치게 섭취하면 갈증이 생기고, 갈증을 해소하기 위하여 음료, 특히 탄산음료를 많이 먹게 되어 간접적으로 살이 찌게 하는 것으로 밝혀졌다(He 등, 2001; He 등, 2008). 보건복지부와 동국대학교 일산병원 가정의학과 오상우교수팀이 발표한 나트륨 섭취와 비만의 상관관계에 관한 국민건강영양조사 데이터 등 분석결과에 의하면 짜게 먹을수록 비만(체질량지수 25kg/m^{2}이상)에 걸릴 위험이 높아졌으며, 특히 청소년의 경우 짠 음식과 비만의 상관관계가 뚜렷하게 나타났다. 즉 음식의 짠 정도(나트륨(mg)/식품섭취량(g))가 1단위 증가할수록 비만의 상대위험도가 2.7%씩 증가하였다.

<그림 1-1>에 의하면 19세 이상인 성인의 경우 음식의 짠 정도를 5분위수로 나누었을 때 짜게 먹는 상위 20%가 하위 20%에 비해 비만의 상대위험도가 1.2배로 나타났다. <그림 1-2>을 보면 7~18세의 청소년의 경우, 음식의 짠 정도가 1단위 증가할수록 비만의 상대위험도가 13.2%씩 증가하였다. 음식의 짠 정도를 5분위수로 나누었을 때 짜게 먹는 상위 20%가 하위 20%에 비해 비만의 상대위험도가 80%가량 높았다. 이 연구팀은 짠 음식과 비만과의 관계는 섭취칼로리량과 독립적으로 관찰되었으므로 비만의 예방과 조절에서 섭

취칼로리를 줄일 뿐만 아니라 덜 짜게 먹는 것이 중요하며, 짠 음식과 비만과의 관계는 성인보다 청소년에서 더 뚜렷이 관찰되었다. 따라서 어렸을 때 형성된 식습관과 비만은 평생을 따라가는 경향을 보이기 때문에, 덜 짜게 먹는 식습관을 어렸을 때부터 길러줄 필요성을 강조하였다. 싱거우면 맛이 없다고 안 먹는 청소년들에게 짜게 먹으면 살이 찐다는 정보를 알려줌으로써 싱겁게 먹기를 보다 쉽게 실천하게 할 수 있을 것이다.

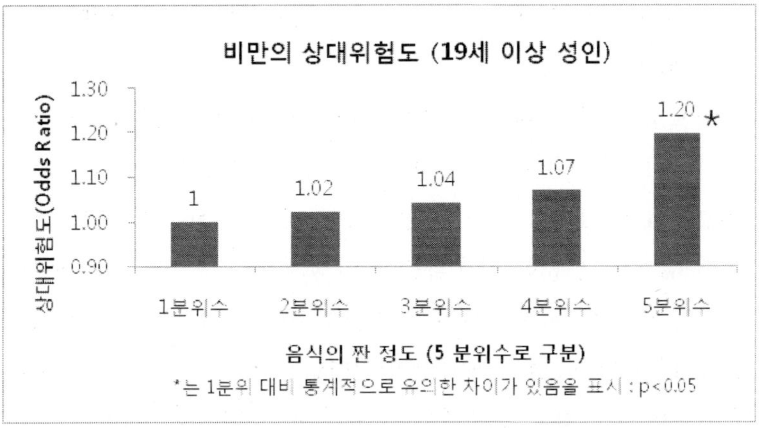

※ 출처 : 나트륨 줄이기 건강운동본부 소식지

〈그림 1-1〉 19세 이상 성인의 비만 상대위험도

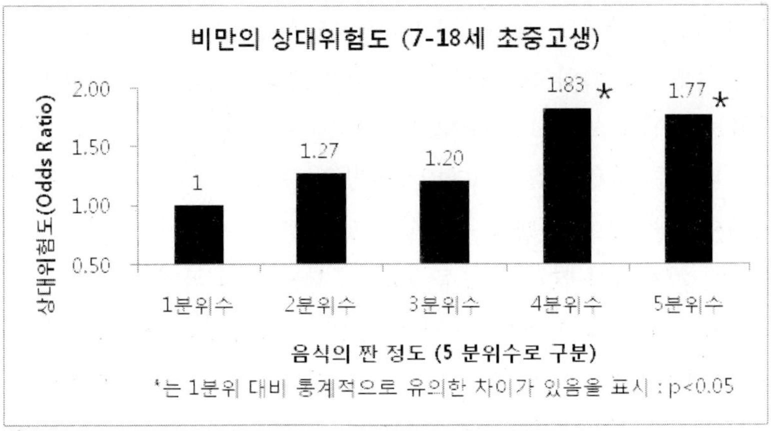

※ 출처 : 나트륨 줄이기 건강운동본부 소식지

〈그림 1-2〉 7~18세비만의 상대위험도

나트륨의 과잉섭취는 신장 결석 및 골다공증의 위험을 증가시키는 요인으로 작용하는 것으로 보고되고 있다(Cappuccio 등, 2000). 2008년 통계청은 암(폐암, 간암, 위암), 뇌혈관질환, 심장질환이 한국인의 사망원인 1~3위로 발표하였다. 특히 30대의 경우 위암, 50대 이상은 뇌혈관 질환, 40대 이하는 심장질환으로 인한 사망률이 높은 것으로 나타났는데, 이는 모두 소금 섭취량과 관련성이 있는 것으로 알려져 있는 질환들이다. 우리나라 국민건강보험공단 자료에 따르면 고혈압 환자는 매년 7%씩 증가하여 2009년에는 529만명에 이르렀다는 점에서 나트륨 저감화는 국민건강문제에 중요한 영향을 미칠 수 있다(김혜영, 2011).

과다한 나트륨 섭취가 다양한 만성질환의 발병 가능성을 높이는 건강 위험 요인이 된다는 연구들이 계속 이루어졌다(He 등, 1999; Chobanian 등, 2000; Park 등, 2003; Tsugane 2005; Cohen 등, 2008; Brown 등, 2009). 이들 연구에 의하면 나트륨 과다 섭취의 주요한 역효과는 혈압상승으로써 나트륨의 과다섭취가 혈액량을 증가시키고 나트륨 배설과 혈관수축에 관여하는 호르몬 분비를 증가시켜 혈압의 상승을 유발한다는 것이다(Blaustein & Hamlyn 1983; haddy, 2006). 특히 소금섭취와 고혈압의 관계를 규명하기 위한 다국적연구(INTERSALT)에서는 높은 소금섭취량 그룹에서 낮은 소금섭취량 그룹에 비하여 고혈압 유병율이 높게 조사된 바도 있다(Stamler, 1991; Elliott 등, 1996; Stamler, 1997). 더구나 이런 고혈압은 심근경색, 뇌졸중, 심혈관질환의 위험과 관련이 있으며 30세 이상 우리 국민의 고혈압 유병율은 2007년 25.1%, 2008년 27.9%, 2009년 31.9%로 증가하는 경향을 보이고 있다(MOHW & KCDC 2010).

따라서 나트륨 과잉섭취와 고혈압 유병율 증가는 우리 국민의 건강을 위해 관리해야 하는 주요 문제로 주목되고 있고, 최근 국내에서 시도된 최초의 나트륨 관련 인체대사 연구(Rhee 등, 2011)에서는 우리 국민 중 28%가 소금 민감성(salt sensitivity)을 지닌 것으로 밝힌 바 있으며, 정부, 지자체, 학계 및 산업체에서도 나트륨 섭취량을 줄이기 위한 방안 및 관련 건강증진전략을 마련하기 위한 논의를 시작하였다(연미영, 이윤나, 김도휘, 이지연, 고은미, 남은정, 신혜형, 강백원, 김종욱, 허석, 조혜영, 김초일, 2011).

우리나라의 식생활에서 남녀 모두 칼슘섭취는 부족하고 나트륨은 과잉섭취하는 것으로 나타났다. 칼슘은 우리나라 식생활에서 가장 결핍되기 쉬운 영양소중의 하나로 2000년 이후 국민건강, 영양조사보고서에서 1세 이상 1일 평균 칼슘 섭취량에 대한 영양섭취기준에 대한 섭취비율 추이를 살펴보면 남자의 경우 2011년 75.6%, 2005년 82.7%, 2007년 72.0%, 여자의 경우 2001년 65.7%, 2005년 70.0%, 2007년 55.3%로 나타나 남,녀 모두 권장섭취량에 크게 미달하였으며, 남자보다 여자의 섭취량이 더욱 미달한 것으로 나타났다.

고나트륨 섭취는 신장으로의 칼슘배설에 영향을 주는 요인의 하나가 되고 있다. 그 이유는 신장에서 나트륨과 칼슘간의 transport mechanism이 매우 밀접하게 관련되어 있기 때문이다(Wasler, 1961). 칼슘과 나트륨은 혈액의 주요 양이온으로 신장에서 재흡수기전을 공유하고 있기 때문에 나트륨을 지나치게 섭취하면 소변의 나트륨 배설양이 증가하여 칼슘의 재흡수를 감소시켜 소변중 칼슘배설양을 증가시킨다(Castenmiller 등, 1985; Shortt & Flynn, 1990). 이렇게 소변중 칼슘배설양 증가는 골다공증, 고혈압 등의 질환과 관련될 수 있다는 연구결과들이 보고되고 있어, 소변중 칼슘배설양과 관련요인들의 관계를 다룬 연구들이 이루어지고 있다(Parfitt, 1983; Devine 등, 1995; Quereda 등, 1996; Blackwood 등, 2001). 부산의 성인들을 대상으로 한 임화재(2011)의 연구에서도 남녀 모두 소변중 칼슘배설량은 나트륨섭취량 및 소변중 나트륨 배설량과 유의한 상관관계를 보였고, 여성의 경우 소변중 칼슘배설량은 수축기혈압과 유의한 상관관계를 보였다.

개인의 짠맛 인지와 기호도의 차이는 아연의 영양 상태에 의하여 영향을 받으며(Ueda 등, 2006; MacDaid 등, 2007), 우리나라의 젊은 성인을 대상으로 한 안은정, 노화영, 정자용, 백희영(2010)의 연구에서는 아연 영양상태가 낮은 대상자에서 짠맛에 대한 기호도가 높아지고, 아연 섭취가 낮은 사람에게서 짠맛 기호도가 증가할수록 이완기 혈압이 증가한다고 하였다.

우리나라도 고령화가 급속하게 진행되고 있어 노인의 건강에 대한 관심이 크게 증가하고 있는 실정이다. 노인의 경우 혈관의 수축력과 신장에서 나트륨 배설능력이 저하되기 때문에 나트륨 과잉섭취는 혈관내 용량을 증가시켜 혈압이 더욱 상승하게 된다(Appel 등, 2001). 하루 소금 섭취량을 10~12g에서 5~5g으로 줄일 경우 1개월 후 수축기혈압이 10mmHg, 이완기혈압이 4mmHg 정도 떨어졌다는 보고(He, MarKandu, MacGregor, 2005)가 있다. 즉 고혈압관리에서 가장 중요한 부분을 차지하는 것이 소금섭취량을 제한하는 것이다(Bray 등, 2004). Cook(2008)은 저염식 교육이나 상담 등의 중재를 통하여 식염섭취가 감소되는 것으로 나타났으나 식이요법의 지속적인 이행이 어려움이 있다고 보고하였다.

우리나라의 노인고혈압 환자들을 대상으로 한 이영희, 김현경, 권경희(2010)의 연구에서도 노인들이 저염식이를 비교적 잘 하고 있다고 응답하였으나 실제 나트륨 섭취량은 높게 나타났고, 혈압이 높은 노인들이 나트륨을 더 많이 섭취하고 있었다. 특히 농어촌 지역에 살고 있는 노인들의 경우 혈관의 수축력과 신장에서의 나트륨 배설능력이 저하되기 때문에 나트륨 섭취는 혈관 내 용량을 증가시켜 혈압이 더욱 상승하게 된다(Appel et al., 2001). 하루 식이 섭취량을 10~12g에서 5~6g으로 낮출 경우 1개월 후 수축기 혈압이 10mmHg. 이완기혈압이 4mmHg 정도 떨어졌다는 보고(He, Markandu, MacGregor, 2005)가 있으며 노인에서도 효과가 있는 것으로 보고되고 있다(Cook, 2008).

또한 나이가 들면서 짠맛에 대한 역치가 상승되어 짠맛에 대한 기호가 증가하며(Nordin, Razani, Marison, & Murphy, 2003), 나트륨 섭취의 증가에 따른 혈압 상승의 정도로 정의되는 염분 민감도(Salt sensitivity)가 증가하는데, 이는 노인들의 혈압을 더 올라가게 하는 요인으로 작용하는 것으로 알려졌다(Schiffman & Gatlin. 1993). 이렇게 무의식적으로 짜게 먹다보면 짠맛에 중독이 되고 점점 더 짜게 먹는 정도가 심해지기 때문이다.

이와 같이 노인들의 나트륨 섭취를 감소시키기 위하여 정부는 2012년에 고령친화형 실버 식품 및 나트륨 저감 식품 등을 개발하기 위해 총 188억원을 투입하였다. 농림수산식품부는 고부가가치 식품기술 개발사업에 지원한 251개 과제를 대상으로 지난 5월부터 서면·공개발표·정책부합성 평가를 거쳐 39개 과제를 지원하였다. 선정된 과제에 대해서는 2012년 지원액 63억원을 포함하여 향후 2~5년간 총 188억원이 지원된다. 농식품부 관계자는 "단순한 기술 개발에 그치지 않고 실제 상품화를 통해 부가가치를 향상시키고 미래를 대비할 수 있는 과제를 선정하는데 중점을 두었다"고 밝혔다.

주요 선정 과제의 내용을 살펴보면 '소화율 향상 및 연하장애 개선을 위한 고령친화형 식품 가공 기술 개발'과제는 고령 계층 고령자가 쉽게 씹고, 삼키고, 소화시킬 수 있는 맞춤형 제품 생산 기술을 개발해 급식이나 외식용 완제품 및 식재료 형태로 노인시설, 병원, 복지관 및 배달급식 메뉴로 제공될 것으로 기대된다.

'가공공정 개선에 의한 나트륨 저감화 방법 개발'과제는 나트륨 사용량 자체의 감소를 위한 가공 기술을 개발하는 내용으로서 최근 이슈가 되고 있는 나트륨 과다섭취에 대응하기 위해 식품의 짠맛에 대한 기호도는 유지하면서도 소금 사용량을 20%이상 줄일 수 있는 가공방법을 연구한다. 빵 및 면류, 젓갈류, 조미식품, 드레싱 등 가공식품별로 현재보다 나트륨이 저감된 제품이 개발될 것으로 기대된다.

'고품질 장기 숙성 증류주의 제조 및 숙성 기술 개발'과제는 국산 원료곡물을 이용하여 세계적인 명주인 위스키, 브랜디, 데킬라 등과 같은 장기 숙성 증류주를 개발하는 내용으로서, 국산 원료곡물의 부가가치를 높여 관련 농가, 제조업계, 유통업계의 소득 증대와 수입 주류에 대한 대체효과가 기대된다. 농식품부 관계자는 "식품제조기업 및 관련 연구기관이 적극참여하여 소비자 만족도를 높이고 기술수준을 향상시킬 수 있는 R&D 과제를 발굴해 제시해 주기"를 당부했다 (메디컬투데이 2012년 7월 12일).

제 2 장

나트륨 섭취량과 섭취급원 음식

직장인과 학생의 경우 하루 중 한 끼 이상은 단체급식에서 음식을 섭취하고 있고, 야간자율학습을 하는 고등학생은 저녁까지 학교에서 먹는 경우가 많고, 사교육이 발달되어 있는 우리나라에서는 초등학생과 중학생까지도 학원이나 과외에 가기 위하여 간단한 라면이나 인스턴트 음식으로 저녁을 때우는 경우가 많이 있다. 특히 여성의 사회생활이 증가하고 경제수준이 향상됨으로써 외식의 횟수가 증가하고 있다(강윤영, 2001).

미국 코넬대학 인간생태학부 연구팀은 풀타임 정규직 워킹맘의 아이들이 비록 아버지가 집에 있더라도 비만이 될 위험성이 높다는 연구결과를 발표했다. 연구진은 '2003~2009년 미국인 시간활용도 실태조사'에서 25,000가족에 대한 자료를 분석한 결과 워킹맘의 경우 전업주부들에 비해 하루에 식품을 구입하는 데 시간이 4분 적을 뿐 아니라 요리하는 데도 17분을 적게 쓰고 있는 것으로 나타났다. 또 자녀와 함께 식사하는 시간은 10분이 적었으며, 자녀와 함께 놀아주는 시간도 12분 정도 짧은 것으로 파악됐다. 또 자녀를 지도하는 시간은 4분, 자녀를 돌보는 데 들이는 시간도 37분 적은 것으로 조사됐다. 이 때문에 워킹맘은 테이크아웃 푸드나 가공된 조리식품을 구입할 확률이 훨씬 높고, 따라서 자녀들도 집에서 만든 음식을 먹을 때보다 영양학적 관점에서 문제가 발생할 위험성이 높다고 설명했다(장원수, 2012).

나트륨이 많이 들어있는 라면과 같은 인스턴트식품이 주식 또는 간식화되어 다량으로 섭취하는 사람들이 증가하고 있어 우리나라 식생활의 가장 큰 문제점이 되고 있다(최민수, 2008). 가공식품의 발달로 인한 치킨과 같은 패스트푸드의 이용이 증가함에 따라 불균형적인 식습관이 고착되어 가고 있으며, 이로 인한 나트륨 섭취량 증가도 큰 사회적인 문제로 대두되고 있다(정혜진, 2010). 이처럼 한국인의 나트륨 섭취가 건강에 나쁜 영향을 미칠 수 있다는 지적은 계속되었지만 나트륨 섭취는 계속 증가하고 있는 추세이다(박수진 등 2000).

예를 들면 우리나라 사람들이 남녀노소를 막론하고 즐기고 있는 유명 프렌차이즈 양념 및 구운 양념치킨 한 조각의 최대 나트륨 함량은 557mg으로 '소금 범벅' 돼 나트륨 1일 영양소섭취기준의 28%에 달하는 것으로 나타났다. 한국소비자원은 11개 프랜차이즈점 치킨에 대한 나트륨, 열량, 포화지방 등 영양성분과 트랜스지방, 튀김기름 관리, 내용량 관리 등을 조사한 결과를 발표했다.

치킨 나트륨 함량 최고 · 최저 차이를 조사한 결과, 각 브랜드 별로 양념 및 구운양념치킨 한 마리는 3배, 후라이드 및 구운치킨 한 마리는 2.6배 차이를 보였다. 양념 및 구운양념치킨 한 마리의 나트륨 함량은 평균 3315mg이며 비비큐 황금올리브(양념)가 5011mg으로 가장 높았고, 교촌 레드오리지날이 1647mg으로 가장 낮았다. 후라이드 및 구운치킨 한 마리의 나트륨 함량은 평균 2624mg이며 롯데리아 치킨풀팩이 4584mg으로 가장 높았고, 굽네치킨은 1791mg으로 가장 낮았다. 한 조각 100g을 기준으로 양념 및 구운양념치킨 한 조각의 나트륨 함량은 평균 469mg이며 굽네핫치킨(557mg)이 가장 높고 교촌레드오리지날(301mg)이 가장 낮았다. 그 뒤를 이어 둘둘치킨 데리야끼 552mg, 둘둘치킨 양념 550mg, 치킨매니아 543mg, 비비큐 526mg, 페리카나 489mg 등의 순으로 나타났다.

후라이드 및 구운치킨 한 조각의 나트륨 함량은 평균 428mg이며 KFC(525mg)가 가장 높고 교촌치킨(337mg)이 가장 낮았다. 롯데리아 519mg, 둘둘치킨 518mg, 비비큐 470mg, 치킨매니아 447mg, 파파이스 413mg, 굽네치킨 407mg 등의 순으로 조사됐다.(메디컬투데이 2012년 10월 4일).

1. 나트륨 섭취기준

나트륨 섭취기준은 (보건복지부 등, 2010)의 한국인 영양섭취기준 2010을 인용하였다.

1) 성인과 노인

건강한 성인에 있어서 나트륨의 충분섭취량으로 1일 1.5g(65mmol)을 설정하였다. 이는 외형적으로 건강한 성인의 나트륨 필요량을 충족시킬 수 있는 양이며, 1일 1.5g 나트륨 섭취량을 제공하는 식사는 다른 영양소들의 권장섭취량을 만족시킬 수 있다. Dietary Approaches to stop Hypertension(DASH)연구에서 제시된 두 형태의 서구식 식사 즉 전형적인 미국식이 및 DASH-나트륨 조절식이 모두 1일 소변 배설량으로 추정된 값으로 약 1.5g의 나트륨 섭취량을 제공하는 저나트륨식이로서, 다른 영양소들의 권장섭취량도 만족시킬 수 있는 것으로 보고되었다. 우리나라의 연구에서도 나트륨 섭취량 1일 1.2g을 제공하는 식단에서 일상적인 상용식품을 주로 선택하여 다른 영양소들의 영양권장량 수준에 맞는 식단을 작성한 것으로 보고하고 있다.

노인의 충분섭취량은 2007년 국민건강영양조사 남자 및 여자 에너지섭취량 중앙값의 통합 평균값에 근거하여 성인의 충분섭취량으로부터 외삽하여 설정하였다. 따라서 2007년 국민건강영양조사에서 주어진 성인 남자 및 여자의 에너지 중앙값의 통합 평균값 1,850kcal를 이용하여 50~64세의 남자 및 여자의 에너지섭취량 중앙값의 통합 평균값인 1,732kcal로부터 계산하면 50~64세의 충분섭취량은 1일 1.4g(61mmol)(1,732kcal/1,850kcal × 1.5g/일)이며, 염소의 충분섭취량은 나트륨과 같은 몰당량이 적정한 것으로 추정하여 1일 2.1g(61mmol)으로 계산되었다. 65~74세의 충분섭취량은 65~74세의 남자 및 여자의 에너지 중앙값의 통합 평균값 1,534kcal로부터 계산하여 1일 1.2g(54mmol) (1,534kcal/1,850kcal × 1.5g/일)으로 정하였으며, 염소의 충분섭취량은 1일 1.9g(54mmol)으로 계산되었다. 75세 이상의 충분섭취량은 75세 이상의 남자 및 여자의 에너지 중앙값의 통합 평균값 1,344kcal로부터 계산하여 1일 1.1g(47mmol)(1,344kcal/1,850kcal × 1.5g/일)으로 정하였으며, 염소의 충분섭취량은 1일 1.6 g(47mmol)으로 계산되었다.

2) 임신 · 수유부

임신기에 세포외액의 증가가 있기는 하지만 일반적으로 임신부의 나트륨 필요량이 비 임신부와 다르다는 증거는 부족하여 충분섭취량 설정에 있어 나트륨 섭취를 증가시키지는 않는다. 수유기의 경우에도 세포외액의 증가와 모유를 통한 나트륨 배출이 있기는 하지만 나트륨 필요량이 비수유부와 다르다는 증거는 부족하여 수유부의 부가적인 나트륨 섭취를 고려하지는 않는다. 따라서 비 임신기와 동일하게 설정한다.

3) 영아

(1) 모유의 나트륨 함량과 영아의 섭취량

<표 2-1>과 <표 2-2>에 의하면 영아 전기 모유의 평균 나트륨 함량은 0.16g/L였고(안홍석 등, 1992; 조금호 등, 1995; 안홍석과 정지윤, 1998; 이정실 등, 2001), 영아의 모유를 통한 나트륨 섭취량은 0.13g/일이었다. 영아 후기 모유와 이유 보충식을 통한 나트륨 섭취량은 0.15g/일이었으며, 조제유와 이유 보충식을 섭취하는 영아의 나트륨 섭취량은 평균 0.36g/일이었다.

〈표 2-1〉 모유의 나트륨 함량과 영아 전기의 섭취량

연구자 (연도)	수유부 (명)	연령 (주, 개월)	모유 내 나트륨 농도 (mg/dL)	영아의 나트륨 섭취량 (mg/일)
안홍석 등 (1992)	16 17 10	4주 6주 12주	21.3 14.6 19.4 (평균, 18.2)	-
문수재 등 (1993)	16 9	6주 12주	37.5 24.6 (평균, 32.9)[2]	-
조금호 등 (1995)	20	4주(30일) 8주(60일) 13주(90일)	16.9 15.2 14.4 (평균, 15.5)	107.2 115.5 105.2 (평균, 109.3)
배현숙 등 (1996)	43	8주(2개월)	176.6 μg/g[2]	129.7
안홍석과 정지윤 (1998)	33(17)[1] 26(5)[1]	4~12주(1~3개월) 16~24주(4~6개월)	20.7 18.4 (평균, 20.2)	186.7[1] 208.6[1] (평균, 191.7)
이정실 등 (2001)	30	4주 8주 12주 16주 20주	18.1 15.9 12.4 10.6 11.4 (평균, 13.7)	105.6 108.4 90.6 82.6 95.6 (평균, 96.6)

[1] 대상자 중 전적으로 모유만을 섭취하는 영아 수 및 이들의 평균섭취량
[2] 평균섭취량 계산에서 제외

※ 출처 : 보건복지부 외(2010)

〈표 2-2〉 영아 후기의 나트륨 섭취량

연구자 (연도)	영아 (명)	연령	영아의 총 나트륨 섭취량 (mg/일)	평균 (mg/일)
안홍석과 정지윤 (1998)	모유 + 보충식(5) 조제유 + 보충식(21) 보충식(13)	7~9(개월)	148.5 369.6 337.3	330.5
안홍석과 엄성신 (2003)	조제유 + 보충식(42)	8~12(개월)	337.0[1]	337.0

[1] 조제유 + 보충식을 통한 섭취량이므로 제외

※ 출처 : 보건복지부 외(2010)

(2) 영아의 나트륨과 염소 영양섭취기준(충분섭취량)

<표 2-3>을 보면 영아 전기의 나트륨 영양섭취기준은 모유 중의 평균 나트륨 함량 0.16g/L과 이 시기의 평균 모유섭취량(0.75L/일)을 적용하여 충분섭취량 0.12g/일(5mmol/일)로 정하였으며, 영아 전기의 염소 충분섭취량은 나트륨과 같은 몰당량인 5 mmol/일을 적용하여 0.18g/일로 정하였다.

〈표 2-3〉 영아 전기의 나트륨과 염소 영양섭취기준(충분섭취량)의 설정 근거

(g/일)

연령	설정기준
0~5(개월)	나트륨 0.16g/L × 0.75L/일 = 0.12g (5 mmol)
	염소 나트륨과 동 몰당량 0.18g (5 mmol)
6~11	미국/캐나다 섭취기준 준용 0.37g (16 mmol)
	염소 나트륨과 동 몰당량 0.56g (16 mmol)

※ 출처 : 보건복지부 외(2010)

영아 후기의 나트륨 영양섭취기준은 모유와 이유 보충식을 섭취하는 영아에 대한 국내 자료가 부족하여, 2005년 영양섭취기준 설정 시와 동일하게 미국/캐나다 영양섭취기준을 준용하여 0.37g/일로 충분섭취량을 정하였으며, 염소의 충분섭취량은 나트륨과 같은 몰당량인 16mmol/일을 적용하여 0.37g/일로 정하였다. <표 2-4>에는 미국 및 일본과 우리나라 영아의 나트륨 및 염소의 충분 섭취량이 제시되어 있다.

〈표 2-4〉 국가별 영아의 나트륨 섭취기준(충분섭취량) 비교

(g/일)

영양소	연령	한국 (2010)	한국 (2005)	미국 (2002)	일본 (2010)[1]
나트륨	0~5(개월)	0.12(5mmol)	0.12(5mmol)	0.12	0.1
	6~11	0.37(16mmol)	0.37(16mmol)	0.37	-

[1] 일본 6~8개월/9~11개월로 구분함.

※ 출처 : 보건복지부 외(2010)

4) 유아, 아동 및 청소년

유아, 아동 및 청소년의 충분섭취량은 상대적 에너지 섭취량 중앙값의 통합 평균값에 근거하여 성인의 충분섭취량으로부터 외삽하여 설정하였다. 1~2세와 3~5세의 충분섭취량은 주어진 성인 남자 및 여자의 에너지 중앙값의 통합평균값 1,850 kcal를 이용하여 1~2세와 3~5세의 에너지섭취량 중앙값으로부터 계산하면 각각 1일 0.7g(32mmol)(895kcal/1,850kcal × 1.5g/일), 0.9g(41mmol)(1,166kcal/1,850kcal × 1.5g/일)이며, 염소의 충분섭취량은 1일 각각 1.1 g(32mmol), 1.4 g(41mmol)으로 계산된다. 6~8세와 9~11세의 충분섭취량은 6~8세와 9~11세의 남자 및 여자의 에너지 중앙값의 통합 평균값으로 부터 계산하면 각각 1일 1.2 g(51mmol)(1,444kcal/1,850kcal × 1.5g/일), 1.3g(58mmol)(1,652kcal/1,850kcal × 1.5g/일)이며, 염소의 충분섭취량은 1일 각각 1.8g(51mmol), 2.0g(58mmol)으로 계산된다. 12세 이후의 남, 녀 청소년의 에너지 중앙값의 통합 평균값은 성인범위에 가까운 값인 것으로 나타나 12세 이후의 남, 녀 청소년의 충분섭취량은 성인과 동일한 양으로 설정하였다.

5) 목표섭취량

국내 19세 이상 성인의 나트륨 일일섭취량은 4,749.7mg으로 충분섭취량(1,500mg/일)의 3배 이상이었으며, 목표량(2,000mg/일, WHO, 2003) 이상 섭취자의 비율도 82.9%인 것으로 나타났다(보건복지가족부와 질병관리본부, 2008). 이와 같이 국내의 나트륨의 섭취수준이 매우 높은 점을 감안하여 목표섭취량은 WHO의 목표량인 2,000mg/일을 그대로 유지하는 것이 바람직하다고 판단된다(<표 2-5> 참고).

19세 이상 성인 · 임신부 · 수유부의 목표섭취량 = 2,000mg/일
아동 · 청소년의 목표섭취량 = 2,000mg/일

〈표 2-5〉 연령별 나트륨 목표섭취량 설정 근거

연령	기준체중 (kg)	설정근거	2010 목표섭취량 (mg/일)
영아			
0~5(개월)	6.2	-	-
6~11	8.9	-	-
유아			
1~2(세)	12.2	-	-
3~5	17.2	-	-
남·여			
6~8(세)	24.6	-	-
9~11	34.8	2,000mg (WHO, 2003)	2,000
12~14	47.5	2,000mg (WHO, 2003)	2,000
15~18	53.4	2,000mg (WHO, 2003)	2,000
19~29	56.3	2,000mg (WHO, 2003)	2,000
30~49	54.2		2,000
50~64	52.2		2,000
65~74	50.2		2,000
75 이상	50.2		2,000
임신부	-	2,000mg (WHO, 2003)	2,000
수유부	-	2,000mg (WHO, 2003)	2,000

※ 출처 : 보건복지부 외(2010)

〈표 2-6〉 2010년 한국인의 나트륨과 염소 영양섭취기준(g/일)

연령	충분섭취량	목표섭취량
	나트륨	(나트륨)
영아		
0~5(개월)	0.12	
6~11	0.37	
유아		
1~2(세)	0.7	
3~5	0.9	
아동, 청소년, 성인, 노인	남·여	남·여
6~8(세)	1.2	
9~11	1.3	2.0
12~14	1.5	2.0
15~18	1.5	2.0
19~29	1.5	2.0
30~49	1.5	2.0
50~64	1.4	2.0
65~74	1.2	2.0
75 이상	1.1	2.0
임신부	+0	2.0
수유부	+0	2.0

2005년 국민건강영양조사(질병관리본부와 한국보건산업진흥원, 2007)에 따르면, 우리나라 1세 이상 전체연령군의 식이를 통한 1일 나트륨 섭취량의 평균 50백분위수는 3,910mg/일, 평균 97.5백분위수는 7,938mg/일으로 나타났으며, 나트륨 섭취량이 목표섭취량을 초과하는 비율은 72.8~100.0%로 한국인의 식이를 통한 나트륨의 섭취량이 매우 높은 수준으로 조사되었다.

2. 한국인의 나트륨 주급원 식품과 섭취실태

1) 주급원식품과 체내 이용률

〈표 2-7〉 성별 나트륨 섭취에 기여하는 특정 음식군의 섭취여부에 따른 나트륨 섭취량

순위	합계			남성			여성			
	함유 식품	평균	비율	함유 식품	평균	비율	함유 식품	평균	비율	
1	배추김치	713	15.5	배추김치	877	16.3	배추김치	549	14.4	
2	라면	208	4.5	라면	274	5.1	라면	160	4.2	
3	총각김치	159	3.5	총각김치	179	3.3	총각김치	142	3.7	
4	된장국	157	3.4	된장국	158	2.9	된장국	134	3.5	
5	미역국	120	2.6	미역국	142	2.6	미역국	113	3.0	
6	김치찌개	118	2.6	김치찌개	126	2.3	김치찌개	94	2.5	31.3
7	된장찌개	90	2.0	된장찌개	109	2.0	된장찌개	87	2.3	33.6
8	쌈장	82	1.8	쌈장	93	1.7	쌈장	65	1.7	35.3
9	국수	69	1.5	국수	76	1.4	국수	61	1.6	36.9
10	청국장찌개	66	1.4	청국장찌개	75	1.4	청국장찌개	61	1.6	38.5
11	잡곡밥	64	1.4	잡곡밥	71	1.3	잡곡밥	58	1.5	40.0
12	양파장아찌	62	1.4	양파장아찌	70	1.3	양파장아찌	56	1.5	41.5
13	쌀밥	57	1.2	쌀밥	66	1.2	쌀밥	49	1.3	12.7
14	깍두기	57	1.2	깍두기	64	1.2	깍두기	48	1.3	44.0
15	칼국수	53	1.2	칼국수	64	1.2	칼국수	45	1.2	45.2
16	고추장	48	1.0	고추장	63	1.2	고추장	43	1.1	46.3
17	열무김치	47	1.0	열무김치	59	1.1	열무김치	42	1.1	47.4
18	돼지고기볶음	44	1.0	돼지고기볶음	59	1.1	돼지고기볶음	36	1.0	48.4
19	짜장면	44	1.0	짜장면	58	1.1	짜장면	35	0.9	49.3
20	비빔밥	42	0.9	비빔밥	55	1.0	비빔밥	33	0.9	50.1

※ 출처 : 연미영 외(2011)

<표 2-7>에 의하면 우리 국민은 배추김치로부터 섭취된 나트륨 비율이 15.5%로 가장 높게 나타났고, 라면으로부터 섭취된 비율이 4.5%로 두 번째였으며 총각김치 3.5%, 된장국 3.4%, 미역국 2.6%, 김치찌개 2.6%, 된장찌개 2.0%, 쌈장 1.8%, 국수 1.5%, 청국장찌개 1.4%의 순이었다. 남녀 모두 기여도가 1위인 음식은 배추김치로서 각각 전체 나트륨 섭취량의 16.3%와 14.4%를 차지하였다. 남자의 경우에 나트륨 섭취에 크게 기여하는 2위 음식은 라면으로 기여율이 5.1%, 그 다음으로는 된장국으로 3.3%, 총각김치 2.9%, 김치찌개 2.6%의 순으로 나타났다. 여자의 경우에는 총각김치가 2위로서 기여율은 4.2%이었고 다음으로 라면 3.7%, 된장국 3.5%, 미역국 3.0%의 순으로 나타나 남녀간에 약간 다른 양상을 볼 수 있었다.

〈표 2-8〉 연령군별 나트륨 섭취에 기여하는 특정음식군의 섭취여부에 따른 나트륨 섭취량

순위	1~2 years			3~5 years			6~11 years			12~18 years			
	함유 식품	평균	비율	함유 식품	평균	비율	함유 식품	평균	비율	함유 식품	평균	비율	누적 백분율
1	우유	100	7.8	배추김치	166	8.3	배추김치	345	11.0	배추김치	547	13.3	13.3
2	미역국	73	5.7	우유	103	5.1	라면	172	5.5	라면	368	9.0	22.3
3	된장국	68	5.3	미역국	95	4.7	된장국	120	3.8	김치찌개	118	2.9	25.1
4	배추김치	66	5.1	된장국	89	4.4	미역국	99	3.2	미역국	105	2.6	27.7
5	두유	34	2.7	라면	58	2.9	김치찌개	97	3.1	된장국	102	2.5	30.2
6	소스, 짜장	34	2.6	청국장찌개	52	2.6	우유	86	2.7	총각김치	102	2.5	32.6
7	김구이	31	2.4	김구이	45	2.2	총각김치	84	2.7	볶음밥	75	1.8	34.5
8	작곡밥	29	2.3	작곡밥	43	2.2	작곡밥	64	2.0	잡곡밥	62	1.5	36.0
9	센베이	28	2.2	총각김치	42	2.1	국수	51	1.6	돼지고기볶음	60	1.5	37.4
10	쌀밥	26	2.1	볶음밥	40	2.0	볶음밥	50	1.6	우유	60	1.5	38.9
11	달걀말이	25	2.0	김치찌개	38	1.9	된장찌개	48	1.5	비빔밥	57	1.4	40.3
12	라면	25	1.9	센베이	37	1.8	닭튀김	47	1.5	쌀밥	55	1.4	41.6
13	볶음밥	24	1.9	콩나물국	34	1.7	비빔밥	46	1.5	센베이	54	1.3	42.9
14	분유, 전지분유	21	1.6	달걀말이	33	1.7	쌀밥	43	1.4	된장찌개	51	1.3	44.2
15	치즈	20	1.5	쌀밥	31	1.5	센베이	42	1.3	국수	49	1.2	45.4
16	고등어구이	19	1.5	김밥	31	1.5	김구이	39	1.3	짜장면	48	1.2	46.5
17	된장찌개	16	1.2	소스, 짜장	27	1.4	돼지고기볶음	38	1.2	소스, 카레	48	1.2	47.7
18	달걀찜	15	1.2	고등어구이	24	1.2	김밥	36	1.2	깍두기	47	1.2	48.8
19	만두	15	1.2	떡볶이	23	1.2	달걀말이	36	1.2	닭튀김	46	1.1	50.0
20	요구르트 액상	15	1.1	만두	22	1.1	깍두기	34	1.1	떡볶이	45	1.1	51.1

<표 2-8>에는 연령층 별 나트륨 급원음식이 제시되어 있다. 19~29세 연령군에서는 배추김치 13.1%, 라면 6.3%, 김치찌개 3.0%, 총각김치 2.6%, 된장국 2.2% 순으로 나타났고, 30~49세 연령군에서는 배추김치 16.1%, 라면 4.4%, 총각김치 3.7%, 된장국 3.1%, 김치찌개 2.5%의 순으로 나타났다. 50~64세 연령군에서는 배추김치 17.9%, 총각김치 4.9%, 된장국 4.1%, 미역국 2.8%, 된장찌개 2.6%의 순으로 나타나서 1, 2위를 김치가 차지하였다. 65세 이상 연령군에서는 배추김치 19.0%, 된장국 6.0%, 된장찌개 4.2%, 미역국 3.4%, 총각김치 2.9%의 순으로 나타나 다른 성인 연령군에 비해 총각김치의 순위가 낮았다.

〈표 2-8〉 연령군별 나트륨 섭취에 기여하는 특정음식군의 섭취여부에 따른 나트륨 섭취량(계속).

순위	19~29 years			30~49 years			50~64 years			≥65 years			
	함유 식품	평균	비율	함유 식품	평균	비율	함유 식품	평균	비율	함유 식품	평균	비율	누적 백분율
1	배추김치	637	13.1	배추김치	868	16.1	배추김치	894	17.9	배추김치	708	19.0	19.0
2	라면	307	6.3	라면	237	4.4	총각김치	245	4.9	된장국	223	6.0	25.0
3	김치찌개	145	3.0	총각김치	197	3.7	된장국	202	4.1	된장찌개	155	402	29.1
4	총각김치	126	2.6	된장국	170	3.1	미역국	137	2.8	미역국	127	3.4	32.5
5	된장국	109	2.2	김치찌개	137	2.5	된장찌개	128	2.6	총각김치	110	2.9	35.5
6	미역국	92	1.9	미역국	134	2.5	청국장찌개	108	2.2	나박김치	106	2.8	38.3
7	볶음밥	84	1.7	쌈장	131	2.4	김치찌개	99	2.0	김치찌개	103	2.8	41.1
8	쌈장	73	1.5	양파 장아찌	104	1.9	라면	98	2.0	청국장찌개	96	2.6	43.7
9	짜장면	72	1.5	된장찌개	92	1.7	쌈장	91	1.8	잡곡밥	93	2.5	46.2
10	닭튀김	69	1.4	국수	78	1.5	국수	90	1.8	라면	86	2.3	48.5
11	된장찌개	68	1.4	깍두기	75	1.4	열무김치	89	1.8	국수	80	2.2	50.6
12	돼지고기볶음	66	1.4	청국장찌개	73	1.4	칼국수	88	1.8	열무김치	80	2.2	52.8
13	어묵볶음	62	1.3	칼국수	71	1.3	잡곡밥	83	1.7	동치미	60	1.6	54.4
14	쌀밥	61	1.3	고추장	65	1.2	고추장	76	1.5	쌀밥	49	1.3	55.7
15	돼지 고기찜	60	1.2	쌀밥	64	1.2	나박김치	65	1.3	쌈장	47	1.3	56.9
16	삼겹살구이	58	1.2	어묵볶음	62	1.2	깍두기	60	1.2	깍두기	44	1.2	58.1
17	국수	56	1.2	잡곡밥	59	1.1	쌀밥	56	1.1	양파 장아찌	40	1.1	59.2
18	김밥	54	1.1	짜장면	55	1.0	양파 장아찌	55	1.1	고추장	36	1.0	60.2
19	냉면, 물냉면	52	1.1	냉면, 물냉면	55	1.0	깻잎, 곰취, 콩잎 장아찌	46	0.9	칼국수	33	0.9	61.1
20	깍두기	50	1.0	비빔밥	53	1.0	냉면, 물냉면	45	0.9	깻잎, 곰취, 콩잎 장아찌	31	0.8	61.9

※ 출처 : 연미영 외(2011)

1~2세 아동의 나트륨 급원음식은 우유가 7.8%, 미역국 5.7%, 된장국 5.3%, 배추김치 5.1%, 두유 2.7%의 순이었고, 3~5세 아동의 경우 배추김치 8.3%, 우유 5.1%, 미역국 4.7%, 된장국 4.4%, 라면 2.9%의 순으로서 성인에게 포함되지 않았던 우유가 상위에 포함되었다. 그러나 6~11세 연령부터는 성인과 유사한 패턴이 나타나서 배추김치 11.0%, 라면 5.5%, 된장국 3.8%, 미역국 3.2%, 김치찌개 3.1%의 순이었으며 12~18세 연령군에서는 배추김치 13.3%, 라면 9.0%, 김치찌개 2.9%, 미역국 2.6%, 된장국 2.5%의 순이었다. 대부분의 연령군에서 나트륨 급원음식 1위와 2위로 올라온 배추김치와 라면에 기인되는 나트륨 섭취량은 연령군별로 <그림 2-1>과 같은 분포를 보였다. 연령이 높을수록 김치로부터 섭취되는 나트륨 섭취비율이 증가되는 경향이 있으나 라면의 경우에는 12~18세 연령군에서 가장 높은 비율을 보였다.

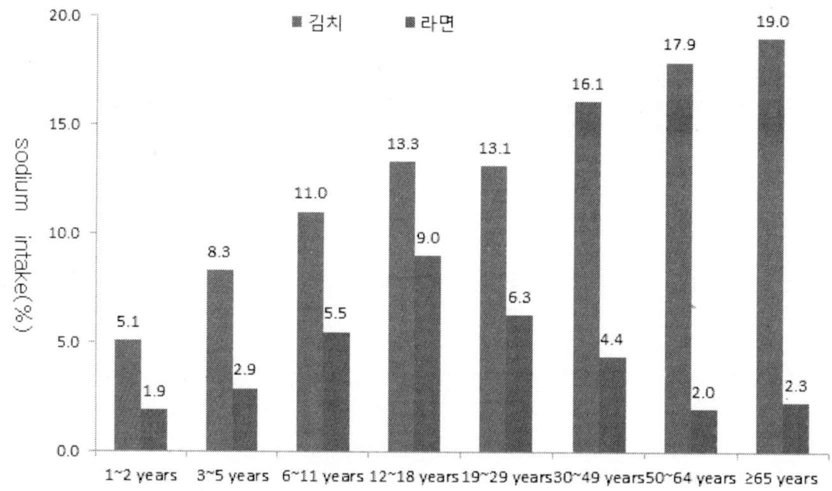

※ 출처 : 연미영 외(2011)

〈그림 2-1〉 연령별 김치와 라면으로부터 섭취하는 나트륨 비율

또한 남자의 경우 평균 나트륨 섭취량이 면과 만두류를 섭취하는 사람들은 6,212mg이었고, 섭취하지 않는 사람들은 4,955mg으로 나타나 의미있는 차이가 있었다. 12~18세 연령군에서 면과 만두류의 섭취자 비율이 45%로 가장

높았으며, 1~2세군과 3~5세군을 제외한 모든 연령군에서 섭취군의 평균 나트륨 섭취량이 비섭취군에 비해 유의적으로 높았다. 국 및 탕류의 섭취자의 평균 나트륨 섭취량은 5,608mg으로 비섭취군의 5,062mg보다 의미있게 높았다. 또한 국 및 탕류의 섭취자 비율은 3~5세군과 1~2세군에서 높았고, 50~64세 연령군을 제외한 전 연령군에서 섭취군과 비섭취군간 나트륨 섭취량에 유의적 차이가 있었다.

찌개 및 전골류 섭취자의 평균 나트륨 섭취량은 5,762mg으로 비섭취군의 5,047mg에 비해 의미있게 높았다. 또한 찌개 및 전골류의 경우에는 국 및 탕류와 달리 성인층에서 섭취자 비율이 높아서 30~49세 연령군에서 53%로 가장 높았으며, 섭취군과 비 섭취군의 평균 나트륨 섭취량은 3~5세, 6~11세, 12~18세, 19~29세 및 50~64세 연령군에서 유의적 차이를 보였다. 김치류의 섭취자 비율은 87%이었으며, 섭취군의 평균 나트륨 섭취량은 5,653mg, 비섭취군의 경우엔 3,310mg으로 크게 차이가 있었다. 또한 김치류의 경우 1~2세군과 3~5세군을 제외한 모든 연령군에서 섭취자 비율이 80% 이상이었고, 30세 이상 성인과 노인층에서는 섭취자 비율이 90%를 넘었으며 모든 연령군에서 섭취군과 비섭취군간 평균 나트륨 섭취량에 유의적 차이가 있었다(연미영, 이윤나, 김도희, 이지연, 고은미, 남은정, 신혜영, 강백원, 김종욱, 허석, 조혜영, 김초일, 2011).

〈표 2-9〉 젓갈 종류별 나트륨 함량

젓갈종류	100g당 나트륨 함량
가다랭이 내장젓	5900mg
굴젓	2347mg
꼴뚜기젓	1436mg
대구젓	2562mg
멸치(액젓)	5710mg
멸치젓	11826mg
새우(육젓)	6505mg
송어젓	4049mg
오징어젓	3907mg

※ 출처 : 식품의약품안전처

우리나라 사람들은 라면과 김치를 함께 먹는 식습관을 가지고 있는 사람들이 많이 있다는 점도 이와 같은 결과를 초래하는데 중요한 역할을 했다고 볼 수 있다. 특히 12~18세의 청소년들이 간편한 컵라면을 간식으로 많이 먹는 경우가 많다는 점에서 청소년들이 많이 먹는 컵라면의 나트륨 함량에 대한 규제가 필요하다고 본다. <표 2-9>에는 젓갈 종류별로 나트륨의 함량이 제시되어 있다. 멸치젓이 11,826mg으로 가장 많이 들어있고, 새우 육젓엔 6505mg 등이 들어 있고, 멸치 액젓에는 5710mg이 들어 있다. 젓갈 종류별로 나트륨의 함량이 다르다는 점을 소비자에게 홍보해서 소비자가 젓갈을 선택핼 때 맛뿐 아니라 나트륨의 함량도 중요한 선택기준이 될 수 있도록 소비자교육이 이루어져야 한다. 또한 김치를 담을때 맛을 내는 방법으로 젓갈을 줄이고 다른 양념을 넣을 수 있는 방안도 마련해서 소비자에게 홍보해야 한다. 김치와 라면의 전반적인 나트륨 함량을 줄이면서도 맛을 유지할 수 있는 방안도 마련해야 할 것이다.

<그림 2-2>에는 우리나라 사람들이 많이 먹는 간식과 가공식품에 포함되어 있는 100g당 나트륨 함량이 제시되어 있다. 감자칩이 3,833mg으로 가장 많고, 그 다음은 큰 컵라면으로 2363mg, 조미쥐포 1523mg, 조미 오징어 1100mg, 치즈류 838mg, 햄류 789mg, 순대 713mg, 김밥 675mg, 어묵 609mg, 떡볶이 463mg 등이다. 감자칩과 큰 컵라면 100g을 먹으면 WHO 나트륨 섭취 권고량인 2,000mg을 훨씬 초과하여 섭취하게 된다.

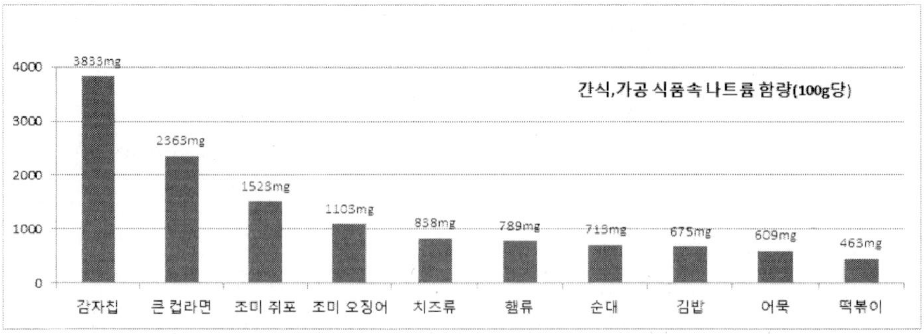

※ 출처 : 김아영(2012)

〈그림 2-2〉 간식, 가공 식품 속 나트륨 함량(100g당)

그러므로 나트륨을 줄일 수 있는 간식 습관을 위해서 다음과 같은 방안들이 제시되고 있다.

첫째, 간식메뉴를 과자나 인스턴트 식품 대신 칼륨이 풍부한 감자, 사과 등으로 구성한다. 칼륨은 미네랄의 일종으로 소금 등 나트륨의 과잉 섭취에 따른 혈압 상승을 막아 주기 때문이다.

둘째, 시판 주스에는 각종 식품첨가물이 많아 나트륨 섭취량을 늘릴 뿐만 아니라 영양상으로 좋지 않으므로 시판 주스 대신 제철 생과일 주스로 대체하는 게 적당하다.

셋째, 아무리 나트륨 섭취를 최소화하려 해도 부모 마음대로 되지 않는게 현실이다. 이때 한가지 대안으로 꼽히는 게 채소류를 함께 먹는 습관을 들이는 것이다. 채소류는 채내 나트륨 배출을 촉진하는 효과가 있다(고시노 요시후미·시노 야스시 공저, 황소연 역, 2007).

① 저나트륨 소금 이용하기

소금의 주성분인 염화나트륨(NaCl)은 짠맛을 내는 염소와 고혈압을 일으키는 나트륨으로 구성되었다. 염소만 있어도 짠맛은 유지된다. 일반 정제 소금이 염화나트륨을 98% 이상 함유하는 데 비해 저나트륨 소금은 57% 미만이다. 저나트륨 소금을 사용하면 음식의 짠맛은 유지하면서 나트륨 섭취는 줄일 수 있다. 다만, 신장병 환자에게는 염화칼륨이 많이 들어 있는 저나트륨 소금이 좋지 않다. 염화칼륨은 신장을 통해 배출되는데, 신장 기능이 약한 환자가 많이 먹으면 체내 혈중 칼륨 농도가 높아지기 때문이다.

② 저염간장과 저염된장 활용하기

국이나 찌개 간을 맞출 때 소금보다 간장을 사용한다. 간장에는 소금 외에 여러 가지 아미노산 물질이 들어 있어 음식에 풍미를 더한다. 그래서 소금으로 간할 때보다 나트륨을 덜 사용할 수 있다. 음식 간은 소금으로만 하기보다 간장, 된장과 섞어서 한다. 특히 저염간장과 저염된장 같은 저염식품은 일반식품에 비해 염도가 3~7% 낮다. 다시마, 북어, 멸치 등으로 천연 육수를 만들면 원재료에 나트륨 성분이 있어 따로 소금을 넣지 않고도 충분히 간을 맞출 수 있다.

③ 소금 대신 향신료나 향미채소로 맛내기

짠맛 대신 다른 맛을 강조하는 것도 방법이다. 조리할 때 식초나 레몬즙, 설탕을 적절히 사용해 새콤달콤한 맛을 내거나 깨 · 땅콩 · 잣 등의 견과류를 갈아 넣어 고소한 맛을 낸다. 그 밖에 후추, 마늘, 생강, 겨자, 카레가루, 허브 등 특유의 맛을 내는 는 향신료로 요리 맛을 살리는 방법도 있다.

④ 소금 간은 먹기 직전에

우리는 혀로 음식 맛을 느낀다. 먹기 직전에 음식 표면에만 살짝 짠맛을 입혀도 입안에서는 충분히 짭조름한 맛을 느낀다. 생선조림할 때는 미리 간장을 넣지 말고 생선이 거의 익었을 때 넣어 생선 겉에만 양념이 살짝 묻게 한다. 맛은 큰 차이 없으면서 소금 섭취는 훨씬 줄일 수 있다. 뜨거울 때 간을 보면 맛을 구분하기 어려우므로 먹기 직전에 간한다.

⑤ 국물은 남긴다

국이나 찌개는 국물 대신 건더기 위주로 먹는다. 국물에 밥을 말아 먹으면 소금을 더 많이 먹게 될 뿐만 아니라 덜 씹고 삼키게 돼 소화도 안 된다. 설렁탕 등 탕 종류를 먹을 때는 고춧가루, 후춧가루, 파 등을 먼저 넣어 먹어 보고 소금으로 나머지 간을 한다.

⑥ 영양표시성분을 확인한다

공산품이나 가공품을 살 때는 제품에 붙어 있는 영양표시성분을 확인한다. 1회 제공량과 나트륨 함량이 얼마인지 확인한 후 나트륨이 적은 식품을 구입한다. 소시지, 햄, 베이컨 등 가공식품은 일반적으로 나트륨 함량이 높다. 되도록 가공식품이나 인스턴트식품 대신 신선한 식품을 사용한다.

⑦ 조금 싱겁게 김치 담그기

배추 절일 때는 소금을 손대중으로 뿌리지 말고 염도 10% 정도의 소금물을 만든 후 그 물에 배추를 담근다. 소금을 손으로 뿌릴 때 보다 적게 사용한다. 김치 담글 때 소금 외에 부재료로 이용하는 젓갈(멸치젓 · 새우젓 · 굴젓 등)에도 염분이 많으므로 양을 적게 넣는다. 생새우나 무생채, 미나리 등을 넣으면 김치의 소금 농도를 낮추는 동시에 시원한 맛을 낼 수 있다.

⑧ 되도록 외식을 줄인다

같은 음식이라도 집에서 만드는 음식보다 밖에서 사먹는 음식에 소금 함량이 더 높다. 식당에서는 많은 양의 음식을 요리하기 때문에 맛을 내기 쉬운 화학조미료를 사용한다. 이런 조미료들은 기본적으로 나트륨을 많이 포함하고 있다. 대표적인 외식 식단의 나트륨 함량은 김치찌개 2.3g, 물냉면 4.5g, 비빔밥 2.3g, 생선초밥 2.6g, 제육볶음 2.3g, 짬뽕 5.3g, 피자(1조각) 1.3g 등이다.

⑨ 소스는 덜어 내고 먹는다

비빔밥이나 회덮밥에 얹어 나오는 고추장은 약간 덜어 내고 비빈다. 고추장 맛에 가려졌던 채소 고유의 은은한 향을 음미하면서 먹을 수 있다. 포크커틀릿, 스테이크, 오므라이스 등에 곁들여 내오는 소스도 반 정도 덜어 내고 먹는다. 소스를 덜어 내도 음식 맛에는 큰 차이 없다.

⑩ 짜게 느껴지면 뜨거운 물을 붓는다

음식점에서 찌개나 탕 요리를 먹을 때 첫 숟가락에 짜다고 느껴지면 뜨거운 물을 넣어 먹는다. 계속 먹으면 혀가 짠맛을 제대로 느끼지 못하기 때문이다. 아예 주문할 때 짜지 않게 해달라고 부탁하는 것도 방법이다.

식품의약품안전처가 '2010년 9월 27일부터 30일까지 전국 19세 이상 성인 1,500명을 대상으로 「나트륨에 관한 소비자 인지도」를 조사한 결과, 응답자의 72%는 자신의 나트륨 섭취에 외식이 가장 큰 영향을 나타낸다고 생각하고 있으며, 그 이유로 외식이 짜기 때문이라고 대답한 사람이 52%였다. 이런 인식은 실제 '2008년에 식품의약품안전처에서 수행한「'2008년 국민건강 영양조사에 의하면 일일 나트륨 섭취량이 가정식의 경우 1489mg이나, 외식의 경우 2183mg으로 나타나 저녁에 외식하면 집에서 먹을 때보다 나트륨을 47% 더 먹게 된다는 내용과도 일치한다(<그림 2-3> 참고). <그림 2-4>에서 반찬 수에 따른 나트륨 섭취량을 보면 반찬이 적은 식사(반찬 수 2개 이하)를 하는 경우 일반식(반찬 수 4개 이상)보다 나트륨을 1.2배 더 섭취하는 것으로 나타났다. 이는 외식을 하는 사람 중 나트륨 섭취가 많은 사람의 주요 섭취 원인 음식이 면류라는 결과와도 일치한다.

하루에 한끼 이상을 외식에 의존하고 있는 직장인들의 경우 더욱 나트륨을 과잉으로 섭취할 수 밖에 없는 환경에 있다고 볼 수 있다. 나트륨의 과잉 섭취로 인한 만성질환이 급속히 증가하고 있으므로 직장단위로 직장인들에게 영양교육 및 다양한 영양서비스를 제공하는 것이 질병예방의 차원에서 필수적이고 시급한 과제가 되고 있다. 또한 직장내의 단체급식에서 나트륨을 줄인 건강식단을 작성하여 실행해야 한다. 이렇게 직장인들로 하여금 자신의 건강에 대하여 더 많이 관심을 가지게 하고 싱겁게 먹는 식습관을 유도함으로써 궁극적으로 생산성도 향상 시킬 수 있고(조여원 등 1996), 의료보험 재정도 건전하게 유지할 수 있을 것이다. 하루 나트륨 섭취량을 1/3가량만 줄여도 의료비용 3조원과 사망에 따른 비용 10조원 등 13조원이나 절약하는 것으로 조사됐기 때문이다.

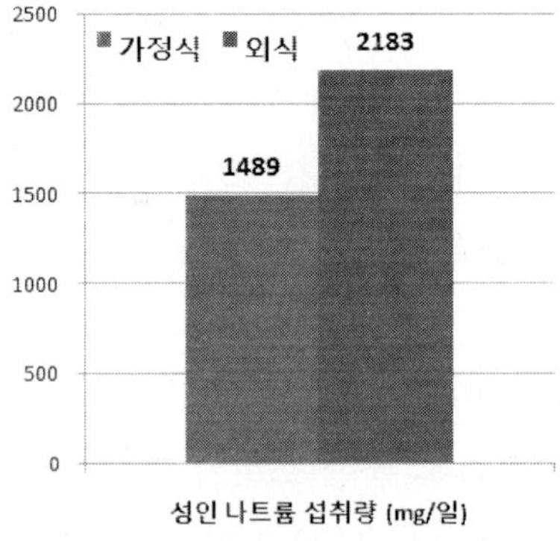

〈그림 2-3〉 성인 나트륨 섭취량의 가정식과 외식의 차이

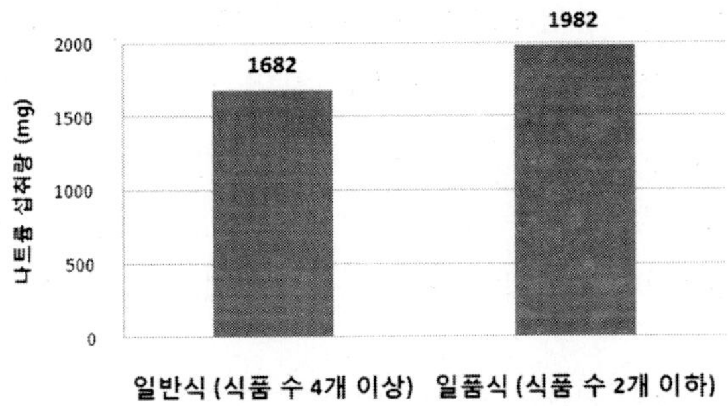

〈그림 2-4〉 일반식과 일품식의 나트륨 섭취량

우리 식생활에서 외식은 매우 큰 비중을 차지한다. 가계비 중 식료품비에서 외식비가 차지하는 비율도 매년 늘고 있다. 1982년 6.0%였던 것이 지난해에는 50%를 넘어섰다. 1인당 외식 횟수도 하루 1회 이상이 40%나 된다. 하루 세 끼를 외식으로 해결하는 직장인도 많다. 외식의 공통점은 음식에 'MSG'라 불리는 화학조미료를 많이 사용하고 고칼로리, 고단백, 고염화나트륨이라는 점이다. 몇 년 전 한 여성단체가 국내 외식업체의 화학조미료 사용 실태를 조사한 결과 93.3%가 다양한 형태의 인공조미료를 사용하는 것으로 나타났다. 음식점 주인들은 "조미료를 넣지 않고선 맛을 낼 수 없다"고 한다.

우리나라 외식산업의 규모는 갈수록 확대되고 있다. 지난해 국내 외식업체 수는 59만개. 1년에 5만~6만 개가 없어지고 6만~7만 개가 새로 생겨난다. 농림수산식품부는 2016년까지 외식산업 매출규모를 125조원, 고용을 170만 명, 해외진출 외식업체를 2500개로 확대하겠다는 '외식산업 진흥 기본계획'을 발표했다. 외식산업의 규모가 갈수록 커지는 추세임을 감안하면 하루 세 끼 중 외식에 의존하는 비중도 늘어날 것으로 보인다.

사단법인 식생활교육대전네트워크 공동대표를 맡고 있는 충남대 김미리 교수는 "외식의 증가 추세는 패스트푸드와 함께 육류, 유지류 중심의 음식이 곡류, 채식 위주의 식습관을 빠르게 대체하고 있다"며 "이는 비만 고혈압 당뇨병 동맥경화 등과 같은 생활 습관병 증가로 이어진다"고 지적했다.

중부권에서 맛 칼럼니스트로 활동하는 이모 씨(55 · 인터넷신문 기자)는 식당에 가면 "내 음식에는 조미료를 넣지 말라"고 말한다. 때로는 식당에서 마찰을 일으키기도 한다. 그는 "소비자들이 마음 놓고 외식할 수 있는 식당이 더 많이 생기길 바라는 차원에서 이렇게 행동한다"고 말했다. 그는 패스트푸드점에서도 영양성분표시를 내놓으라고 한다. 먹을거리에 대한 주권 행사다. 한양대 이현규 교수(식품영양학과)는 "외식을 줄이도록 노력하되 피할 수 없다면 칼로리가 낮고 우리 체질에 맞는 잡곡 채소 등의 메뉴를 제공하는 식당을 찾는 게 중요하다"고 말했다(동아일보 2012년 6월 22일).

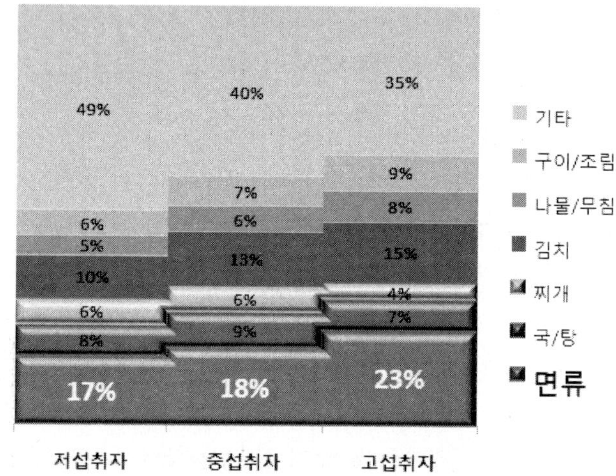

〈그림 2-5〉 나트륨 섭취 수준별 기여 음식

<그림 2-5>에서 나트륨 섭취 수준에 따라 저섭취자, 중섭취자 및 고섭취자로 나누어서 어떤 음식이 나트륨섭취에 기여하는지를 알아보자. 저섭취자는 자신이 섭취하는 나트륨의 17%를, 중섭취자는 18%를, 고섭취자는 23%를 면류에서 섭취하고 있었고, 면류에서 섭취하는 비율이 가장 높았다. 두 번째는 김치인데, 저섭취자는 10%, 중섭취자는 13%, 고섭취자는 15%를 섭취하고 있었다. 일반적으로 면류를 먹을땐 김치와 함께 먹는 경우가 많다는 점을 감안한다면 이러한 식습관이 나트륨을 더 많이 먹게하는 중요한 요인이 될 수 있다.

2) 한국인의 나트륨 섭취실태

김영선 등(1987)은 우리나라 사람들은 김치, 장류, 젓갈 등 소금함량이 높은 음식을 과다하게 섭취하기 때문에 나트륨을 과잉섭취한다고 하였다. 30세 이상의 남녀 성인 50명을 대상으로 하여 주요 나트륨 공급 식품인 식염, 된장, 간장, 고추장, 김치 등의 소비량을 측정한 김기순 등(1990)도 고혈압군은 하루에 15.9g, 정상군은 13.3g의 소금을 섭취한다고 보고하였고, 같은 대상에게 24시간 소변으로 추정한 소금 섭취량은 고혈압군 16.2g, 정상군 15.6g이었다고 보고하였다.

연령이 다른 여성들의 24시간 소변 중 배설되는 나트륨량으로 환산하여 소금 섭취량을 추정한 김경숙(1992) 등의 연구결과를 보면 20대 여성은 11.7g, 40대 여성은 15.9g으로 나이에 따라 섭취량이 차이가 났다. 산업체 남자 근로자들을 대상으로 한 이미애(1999)연구에서는 24시간 소변 중 나트륨 배설량을 소금으로 환산했을 때 13.5g이 된다고 보고하였다. 1999년 국민건강영양조사에서는 11,613명의 남녀를 대상으로 24시간 회상법으로 추정한 소금 섭취량이 11.3g이었고, 2001년 12.5g, 2005년 13.5g으로 조금씩 증가하는 경향을 보이고 있다. 2005년 국민건강영양조사의 평균 소금 섭취량은 13g으로 WHO 권장량 및 한국인 영양섭취 기준의 목표섭취량에 비해 2.5~3배로 섭취하고 있었다. 이는 한국인 영양섭취기준(DRIs)에서 설정한 나트륨 충분섭취량 1일 1,500mg(소금3.8g)과 비교해 보면 약 3~4배를 섭취하고 있는 실정이다(국민건강영양조사, 2005).

2007년 국민건강영양조사 결과 우리나라 성인의 하루 소금 평균 섭취량은 12g으로 미국 8.6g, 영국 9.0g, 일본 10.7g에 비하여 높은 편이며, 세계보건기구 권장량 및 한국인 나트륨 목표섭취량의 목표량인 5g의 2.4배에 달하였다고 발표하였다. 간이법으로 285명이 남녀 대학생을 대상으로 소금 섭취량을 조사한 박태선 등(2007)의 연구결과에서도 하루 12.8g을 섭취하는 것으로 조사되었다.

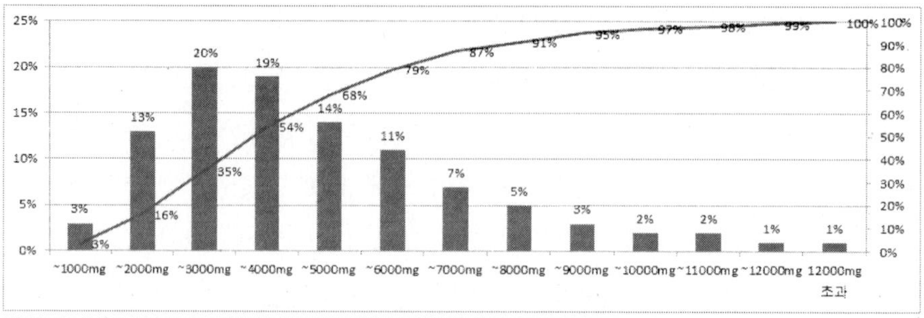

1) 대상 : 7세이상

2) 나트륨 섭취량에 따른 인구비율 % (막대그래프), 누적 인구비율 % (선그래프)

※ 출처 : 2008년 보건복지부 국민건강영양조사('10년 8월 원시데이터 공개), 식약처 분석

〈그림 2-6〉 우리나라 국민의 나트륨 섭취 현황[1), 2)]

<그림 2-6>에서 2008년 국민건강영양조사 원시데이터 심층 분석 결과 우리나라 국민의 나트륨 섭취량을 살펴보면, 국민의 16%만이 WHO나트륨 섭취 권고량 인 2,000mg 이하를 섭취하며, 20%가 2,000~3,000mg, 19%가 3,000~4,000mg을 섭취하였고, 25%가 4,000~6,000mg을 섭취하였고, 21%는 6,000mg 이상을 섭취하는 것으로 나타났다.

2008년 국민건강영양조사(보건복지가족부와 질병관리본부)에서 한국인의 평균 나트륨 섭취량은 4,553.0mg으로, 남자는 5,307.6mg, 여자는 3,792.6mg이었다. 연령별로 비교해 보면, 1~2세 남아는 1,349.1mg, 여아는 1,236.6mg, 3~5세 남아는 1,951.6mg, 여아는 1,995.6mg이었고, 6~11세 남자는 3,498.6mg, 여자는 2,937.2mg, 12~18세 남자는 4,635.8mg, 여자는 3,646.6mg 이었다. 또한 19~29세 남자는 5,588.2mg, 여자는 3,865.5mg, 30~49세 남자는 6,248.2mg 여자는 4,398.1mg, 50~64세 남자는 5,790.3mg, 여자는 4,027.6mg, 65세 이상 남자는 4,554.4mg, 여자는 3,116.0mg 이었다.

〈표 2-10〉 한국인의 나트륨 섭취실태

대상		연도	식사조사방법	섭취량 (mg/일)	연구자
1~2세	남 / 여	2008	24시간 회상법	1,349.1 / 1,236.6	국민건강영양조사
3~5세	남 / 여			1,951.6 / 1,995.6	
6~11세	남 / 여			3,498.6 / 2,937.2	
12~18세	남 / 여			4,635.8 / 3,646.6	
19~29세	남 / 여			5588.2 / 3,865.5	
30~49세	남 / 여			6,248.2 / 4,398.1	
50~64세	남 / 여			5,790.3 / 4,027.6	
65세 이상	남 / 여			4,554.4 / 3,116.0	
아동 3~6세	남 / 여	2005	식사기록법(3일)	2005.6 / 1998.3	신은경 등
아동 5~6세	정상/과체중	2005	24시간 회상법	2713.0 / 2680.0	김희선 등
고등학생 여		2007	24시간 회상법	4218.6	김천수 등
고등학생 남	(주중/주말)	2008	3일간 비연속 식사기록법	4630.1 / 4145.9	채홍자 등
대학생 남 / 여		2008	24시간 회상법	4398.6 / 3788.0	유정순 등
대학생 남	(비흡연)	2006	24시간 회상법(3일)	4780.9	김미현 등
	(경도흡연)			4874.4	
	(중등도흡연)			4414.8	
대학생 남	(비흡연)	2008	24시간 회상법	4587.5	Bae 등
	(경도흡연)			4730.7	
	(중등도흡연)			4886.4	
	(고도흡연)			4681.3	
대학생 여		2006	24시간 회상법	3533.5	김옥현 등
대학생 여		2006	24시간 회상법	3457.0	배현숙
대학생 여		2006	24시간 회상법	2990.0	박영숙 등
대학생 여		2007	24시간 회상법	3359.0	배현숙
성인 여		2007	24시간 회상법	3630.0	김민경 등
성인 여		2005	24시간 회상법	4043.1	박정아 등
성인 여		2007	24시간 회상법	3884.8	김옥현 등
고혈압 환자/정상인		2006	24시간 회상법	4208.4 / 4182.5	손숙미 등
성인 여	(젊은 여성)	2007	24시간 회상법	3987.3	최미경 등
	(중년 여성)			3782.0	
	(폐경 후)			3525.8	
성인 여	(40~55세)	2007	24시간 회상법(3일)	3740.6	김순경 등
성인 여	(폐경 전)	2006	24시간 회상법(3일)	3707.6	김순경 등
	(폐경 후)			3589.6	
성인 여	(폐경 후)	2006	24시간 회상법(3일)	3864.1	최윤희 등
성인 남/여		2007	24시간 소변분석	5271.1 / 4769.4	손숙미 등
성인 여	20~29세	2010	24시간 소변분석	4349.8	신은경 등
	30~49세			5500.4	
	50~64세			5954.7	
	65세 이상			6801.3	
노인 남	(50세 이상)	2006	24시간 회상법	4105.3	최정숙 등
노인 남/여		2006	24시간 회상법	4192.6 / 3630.4	조영은 등

대상		연도	식사조사방법	섭취량 (mg/일)	연구자
노인 여		2008	24시간 회상법	3410.0	박미연 등
노인 남	(65~69세)	2006	24시간 회상법(2일)	3149.2	박미연 등
남	(70~79세)			2749.7	
남	(80세 이상)			2624.4	
노인 여	(65~69세)			2397.36	
여	(70~79세)			2117.9	
여	(80세 이상)			2089.8	

※ 출처 : 보건복지부 외,(2010)

영양섭취기준에 대한 나트륨 섭취비율(보건복지가족부와 질병관리본부, 2008)은 전체 평균 324.4%였으며, 남자는 376.4%, 여자는 272.0%였다. 연령별로는 전체적으로 19~29세 316.8% 30~49세 356.2%, 50~64세 377.1%, 65세 이상은 316.8%였으며, 1~2세 남아는 168.6%, 여아는 154.6%, 3~5세 남아는 195.2%, 여아는 199.6%였고, 6~11세 남자는 260.0%, 여자는 218.4%, 12~18세 남자는 309.1%, 여자는 243.1% 였다. 또한 19~29세 남자는 372.5%, 여자는 257.7%, 30~49세 남자는 416.6%, 여자는 293.2%, 50~64세 남자는 445.4%, 여자는 309.8%, 65세 이상 남자는 388.7%, 여자는 267.5%였다(<표 2-10>).

제 3 장

나트륨에 관한 소비자 인지

우리나라 소비자들의 지나친 나트륨 섭취가 건강에 해로운 영향을 미친다는 지적이 계속되고 있지만 김치와 된장 등 나트륨이 많이 들어 있는 음식에 길들여져 있고, 나트륨 함량이 높은 가공식품과 인스턴트식품 소비가 증가하면서 나트륨 섭취량은 계속 증가하고 있는 실정이다.

1. 나트륨에 관한 이해와 활용

<그림 3-1>에는 이승경(2011)이 직장인들을 대상으로 한 조사한 나트륨에 관한 영양지식 수준이 제시되어 있다. 직장인들의 94.7%가 부모와 자녀의 고혈압 상관관계를 알고 있었으나, 10.5%만이 면류에 나트륨이 많다는 사실을 알고 있었다. 87.4%가 포장지의 나트륨 함량 표시를 알고 있었고, 77.9%가 신체 내 나트륨의 역할을 알고 있었다. 75.4%가 생선구이와 생산조림의 나트륨 함량을 비교할 수 있었고, 59.3%는 치킨과 피자의 나트륨 함량을 비교할 수 있었다. 45.3%만이 WHO에서 제시한 성인 일일 소금섭취목표량을 알고 있었고, 43.9%만이 배추김치와 겉절이의 나트륨 함량을 비교하였고, 43.4%만이 한국 성인의 소금섭취량을 알고 있었다. 23.2%만이 감자튀김과 케첩 섭취의 유용한 나트륨 섭취비율을 알고 있었다. 이상과 같은 결과를 보면 직장인들

을 대상으로 한 나트륨 섭취에 관한 영양교육의 중요성이 매우 크다고 볼 수 있다.

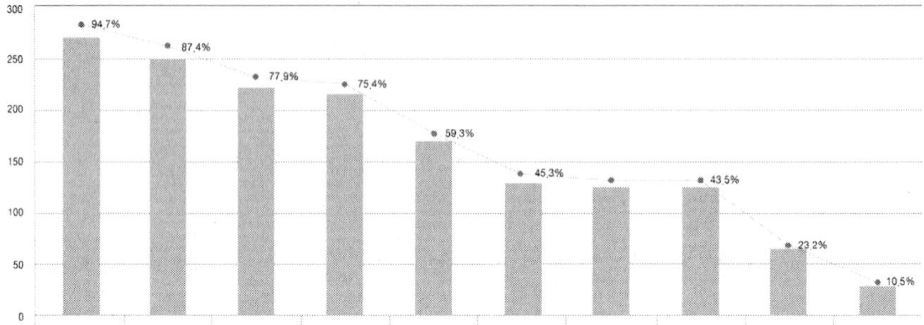

	부모와 자녀의 고혈압 상관관계	포장지의 나트륨함량 표시에 대한 인식정도	신체내 나트륨(Na) 역할	생선구이와 생선조림 나트륨함량 비교	치킨과 피자나트륨 함량비교	WHO에서 제시한 성인일일 소금섭취목표량	배추김치와 겉절이나트륨 함량 비교	한국성인 소금섭취량	감자튀김과 케첩섭취의 우용한 나트륨 섭취비율	나트륨이 많은 면류에 대한 인식
정답(명)	270	249	222	215	169	129	125	124	66	30
정답률(%)	94.7%	87.4%	77.9%	75.4%	59.3%	45.3%	43.9%	43.5%	23.2%	10.5%

※ 출처 : 이승경(2011)

〈그림 3-1〉 나트륨 관련 영양지식 수준

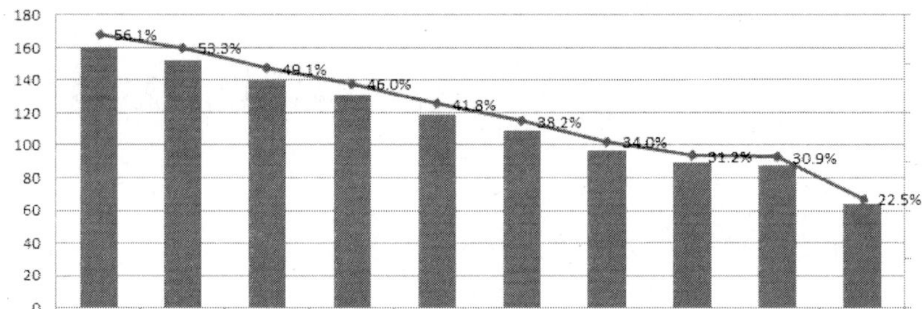

	감자와 젓갈에 대한 기호도	라면 등 면류의 빈번한 섭취	건어물에 대한 높은 기호도	짭잘한 음식에 대한 높은 기호도	국물을 다먹는 경향	간식, 스낵과 빵과자의 빈번한 섭취	피자와 치킨의 빈번한 섭취	튀김이나 전에 소스사용량이 많음	육가공품의 빈번한 섭취	인스턴트 식품 및 전자렌지용 식품의 빈번이용
정답(명)	160	152	140	131	119	109	97	89	88	64
식행동비율(%)	56.1%	53.3%	49.1%	46.0%	41.8%	38.2%	34.0%	31.2%	30.9%	22.5%

※ 출처 : 이승경(2011)

〈그림 3-2〉 나트륨관련 식행동 수준

<그림 3-2>에는 이승경(2011)이 직장인들을 대상으로 한 조사한 나트륨에

관한 식행동수준이 제시되어 있다. 56.1%가 김치와 젓갈을 선호함으로써 가장 많았고, 그 다음은 53.3%가 라면 등 면류를 빈번하게 섭취하였고, 세 번째는 건어물을 선호하는 사람으로 49.1%, 네 번째는 짭짤한 음식을 선호하는 사람들로 46.0%를 차지했다. 41.8%가 국물을 다 먹는 경향을 보였고, 간식 스낵과 빵, 과자를 빈번하게 섭취하는 사람은 38.2%, 피자와 치킨을 자주 먹는 사람은 34.0%, 31.2%가 튀김이나 전에 소스를 많이 사용한다고 했고, 육가공품을 자주 먹는 사람들은 30.9%, 인스턴트식품 및 전자레인지용 식품을 자주 이용하는 사람은 22.5%로 가장 적었다.

2. 나트륨 섭취에 대한 인지수준

1) 나트륨섭취량 감소 필요성, 인지도 및 실천도

식품의약품안전처가 '10년 9월 27일부터 30일까지 전국 19세 이상 성인 1,500명을 대상으로 「나트륨에 관한 소비자 인지도」를 조사한 결과를 보면 응답자의 84.3%는 나트륨을 적게 먹어야겠다고 생각하고 있으며, 15.7%는 나트륨 섭취량 감소의 필요성을 못 느낀다고 응답하였다. 그러나 <그림 3-3>에 의하면 나트륨을 적게 먹어야겠다고 생각하는 사람 중에서 나트륨 섭취 1일 권고량이 2000mg 이라는 사실을 정확하게 아는 사람은 8%뿐인 것으로 나타났다. 제 2장에서 설명한 것처럼 우리나라 사람들이 나트륨을 많이 섭취하게 되는 식습관의 하나가 국물을 좋아한다는 점이다. 그런데 <그림 3-4>에 의하면 59.8%가 국물을 거의 다 마신다고 대답하였고, 18.8%도 절반 이상을 마신다고 하였는데 비하여 5.2%만이 거의 마시지 않는다고 응답하였다.

(단위 %)

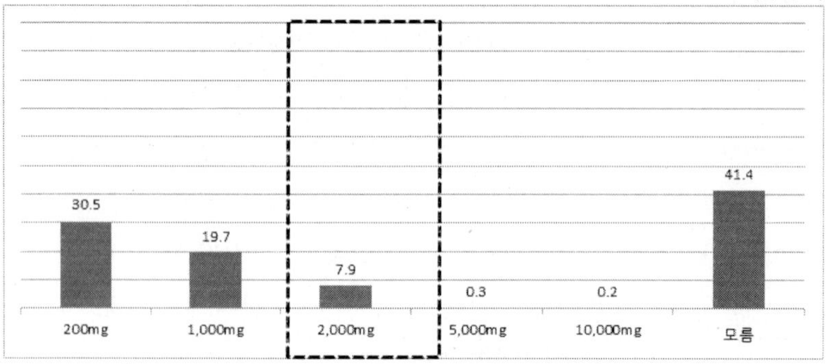

※ 출처 : 식품의약품안전처 보도자료, 2010

〈그림 3-3〉 1일 나트륨 권장량 인지도

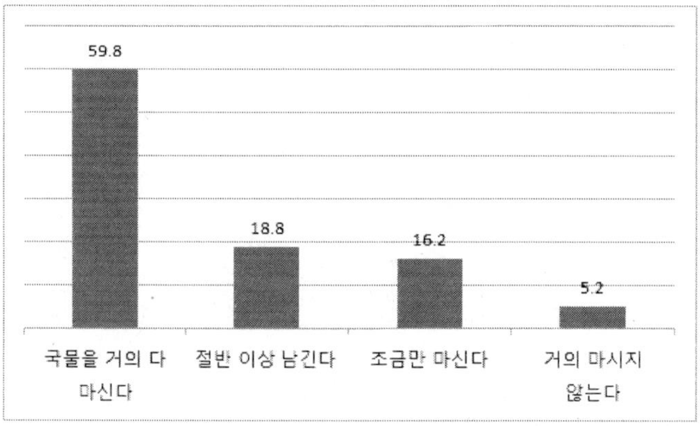

※ 출처 : 식품의약품안전처 보도자료, 2010

〈그림 3-4〉 국물섭취 습관

2) 나트륨 영양표시에 대한 소비자의 인식

나트륨 영양표시에 대한 소비자의 인식도를 조사한 박영숙 등(2008)의 연구에 의하면 식품을 구매할 때 영양표시를 거의 확인하지 않는다가 가장 많았고, 나트륨의 함량을 거의 확인하지 않는 경우가 가장 많았다. 특히 조사대상자들은 고염함유 음식류 29종에 대하여 소금이 많다는 것은 제대로 인지하지 못하였다는 점을 감안한다면 나트륨에 관한 영양표시를 확인하도록 하는 영양교육의 필요성이 크다고 볼 수 있다.

<표 3-1>에서 보면 외식소비자가 메뉴를 고를 때 가장 중요하게 고려하는 영양소는 트랜스지방이 평균 4.01로 가장 높았고, 두번째는 콜레스테롤로 3.93, 세 번째는 지방으로 3.74, 네 번째는 포화지방으로 3.63, 나트륨은 3.43으로 다섯 번째로 많이 고려하고 있는 것으로 밝혀졌다.

〈표 3-1〉 소비자의 영양소별 고려 정도

구 분	평균 (5점 만점)	최빈값	표준편차
열량	3.29	중요하게 고려함	1.22
탄수화물	2.98	중요하게 고려 안함	1.18
당류	3.23		1.26
섬유소	3.08		1.25
단백질	3.21	중요하게 고려함	1.21
지방	3.74		1.25
포화지방	3.63		1.29
트랜스지방	4.01		1.21
콜레스테롤	3.93		1.23
나트륨	3.43		1.26

※ 출처 : 전상민 외(2009)

<표 3-2>에서 외식유형별로 소비자가 추가로 표시할 것을 요구하는 영양소정보를 살펴보면 다음과 같다. 피자를 제외한 모든 외식유형에서 열량에 관한 추가정보 요구가 가장 많았고, 피자는 트랜스지방에 대한 요구가 가장 많았다. 나트륨에 관한 추가 정보 요구를 보면 분식집이 15.0%로 가장 많았고, 두 번째는 한식집으로 13.3%를 차지했다. 세 번째는 패스트푸드와 패밀리레스토랑으로 각각 10.2%를 차지했다. 피자는 10.1%, 고깃집은 8.7%를 차지했다.

가공식품과 외식 영양표시에 대한 소비자인식을 조사한 권광일 등(2010)의 연구에서는 89.8%가 가공식품의 영양표시에 대하여 알고 있다고 응답함으로써 2007년 제 4기 1차 국민건강영양조사에서 82%가 영양성분표시를 알고 있다고 응답한 것보다 7.8%가 증가하였다. 영양표시를 알고 있다고 응답

한 사람들 중에서 27.7%만이 제품을 구입할 때 영양성분표시를 확인하지 않는 것으로 나타남으로써 영양성분에 대한 소비자들의 관심이 매우 증가하였다는 점을 알 수 있다. 49%가 가공식품에서 나트륨에 관한 영양표시에 관심을 가지고 확인하고 있었고, 21.0%가 나트륨에 관한 정보를 알기 쉽고 눈에 잘 띄도록 표시하기를 원하였다. 외식업체의 메뉴를 선택할 때 90.6%가 영양성분 표시가 영향을 미친다고 하였고, 50.9%가 나트륨을 우선적으로 표시해야 하는 영양소라고 응답하였다.

〈표 3-2〉 외식 유형별 소비자의 표시 요구 영양소

빈 도(%)	패스트 푸드	피자	패밀리 레스토랑	분식	고기집	한식	중식
열량	816 (17.3)	742 (16.7)	711 (15.8)	664 (19.9)	648 (17.3)	681 (18.2)	703 (16.9)
탄수화물	272 (5.8)	254 (5.7)	290 (6.4)	259 (7.7)	183 (4.9)	411 (11.0)	294 (7.1)
당류	273 (5.8)	227 (5.1)	261 (5.8)	206 (6.2)	126 (3.4)	213 (5.7)	217 (5.2)
섬유소	108 (2.3)	98 (2.2)	164 (3.6)	77 (2.3)	102 (2.7)	226 (6.0)	118 (2.8)
단백질	195 (4.1)	182 (4.1)	276 (6.1)	146 (4.4)	310 (8.3)	291 (7.8)	201 (4.8)
지방	559 (11.9)	552 (12.5)	532 (11.8)	353 (10.6)	574 (15.3)	375 (10.0)	539 (13.0)
포화지방	533 (11.3)	536 (12.1)	506 (11.2)	313 (9.4)	435 (11.6)	297 (7.9)	475 (11.4)
트랜스지방	797 (16.9)	747 (16.9)	691 (15.3)	452 (13.5)	477 (12.7)	367 (9.8)	613 (14.7)
콜레스테롤	679 (14.4)	645 (14.6)	614 (13.6)	372 (11.1)	566 (15.1)	377 (10.1)	568 (13.7)
나트륨	483 (10.2)	447 (10.1)	460 (10.2)	503 (15.0)	327 (8.7)	498 (13.3)	431 (10.4)
계	4715 (100.0)	4505 (100.0)	4505 (100.0)	3345 (100.0)	3748 (100.0)	3736 (100.0)	4159 (100.0)

(복수응답임)

※ 출처 : 전상민 외(2009)

제 2 부

나트륨저감화를 위한 제도적 방안

나트륨 과잉섭취의 폐해를 줄이기 위하여 선진국들은 다양한 정책을 추진하여 효과를 거두고 있다. 일본의 경우 'Health Japan 21'을 추진하여 보건소 중심의 영양 교육 프로그램 및 저염조리실 운영, 저염식품 생산 유도, 미디어를 통한 교육과 홍보 등의 효과로 1975년에 1일 14.5g이던 소금 섭취량이 2004년에는 10.7g으로 감소하였다.

핀란드는 1972년부터 심혈관질환으로 인한 사망률을 낮추기 위하여 식생활에서 포화지방을 낮추고, 야채와 과일을 많이 먹게하여 혈중 콜레스테롤 수치를 낮추고, 소금 섭취를 줄여 고혈압 감소에 초점을 둔 'North Karelia Project'를 진행하여 큰 성과를 거두었다. 미국도 'Helth People 2010'에서 하루 나트륨 섭취량을 2,400mg 이하로 섭취하는 2세 이상 인구를 21%에서 65%로 늘리는 목표를 세웠고, 영국은 '2010 Salt Target'정책으로 2010년까지 하루 소금 섭취량을 9g에서 6g으로 감량하기 위한 노력을 하였다.

우리나라의 경우도 보건복지가족부의 국민건강증진종합계획의 분야별 세부 추진계획 중 영양 부분에서 만성질환 예방 및 관리의 세부 항목으로 나트륨을 1일 2,000mg 이하로 섭취하는 인구비율(만 6세 이상)을 2002년 13.9%, 2005년 9.5%. 2010년 15.0%로 증가시키는 것을 목표로 하고 있고, 이를 위해 정부는 2006년도를 기점으로 다양한 나트륨 저감화사업을 시행중이다(김혜영, 2011).

제 4 장

국민영양 관리

건강보험 만성질환 진료현황(2007~2011년)과 국민건강통계(2010년) 등에 따르면 음식문화 서구화와 급속한 고령화로 고혈압 · 고지혈증 · 당뇨병 등 만성질환자가 4년새 18.5% 늘었고, 영양 섭취 불균형이나 비만율 증가 등 전반적으로 우리 국민의 영양 관리에 문제가 드러나고 있다. 건강보험공단은 2012년 7월 11일에 대한영양사협회와 업무협약(MOU)을 맺고 '건강한 식습관 실천 문화 만들기' 캠페인과 '다문화가족 영양불균형 해소를 위한 영양관리 상담 프로그램'을 함께 추진한다고 밝혔다. 이에 따라 국민 건강보험공단은 의료봉사와 연계한 다문화가족 영양관리 상담 프로그램을 적극 운영하고, 영양사협회는 건강한 식습관 및 영양 상담을 위한 전문 인력과 교육 자료 등을 공단에 제공할 예정이다. 김종대 국민 건강보험공단 이사장은 "두 기관의 전문 인력과 경험을 살려 다문화가정을 포함한 국민이 적절한 영양관리와 식습관으로 건강을 유지하도록 도울 것"이라고 밝혔다(신호경, 2012). 이 장에서는 국민영양관리법의 내용과 국민건강 실태를 분석하고 국민영양정책의 주요 내용을 설명하였다.

1. 국민영양관리법의 의의와 국민건강 실태

1) 국민건강관리법의 의의

보건복지부는 2010년 3월 26일에 국민영양관리법을 제정하였고, 2112년 3월 27일에 시행령을 제정함으로써 지금까지 영양정책의 주요한 목표로 규정되었던 영양개선에서 영양관리로 정책의 패러다임을 전환하였다. 국민영양관리법은 국민의 식생활에 대한 과학적인 조사와 연구를 바탕으로 체계적인 국가영양정책을 수립하고 시행함으로써 국민의 영양 및 건강 증진을 도모하고 삶의 질 향상에 이바지하는 것을 목적으로 한다. 식생활이란 식문화, 식습관, 식품의 선택 및 소비 등 식품의 섭취와 관련된 모든 양식화된 행위를 말한다. 영양관리란 적절한 영양의 공급과 올바른 식생활 개선을 통하여 국민이 질병을 예방하고 건강한 상태를 유지하도록 하는 것을 의미한다. 영양관리사업이란 국민의 영양관리를 위하여 생애주기 등 영양관리 특성을 고려하여 실시하는 교육과 상담 등의 사업을 말한다(동법 1조와 2조).

이 법 3조는 국가 및 지방자치단체에 다음과 같은 의무를 규정하고 있다.

① 국가 및 지방자치단체는 올바른 식생활 및 영양관리에 관한 정보를 국민에게 제공하여야 한다.

② 국가 및 지방자치단체는 국민의 영양관리를 위하여 필요한 대책을 수립하고 시행하여야 한다.

③ 지방자치단체는 영양관리사업을 시행하기 위한 공무원을 둘 수 있다.

이 법 5조는 첫째, 누구든지 영양관리사업을 통하여 건강을 증진할 권리를 가지며 성별, 연령, 종교, 사회적 신분 또는 경제적 사정 등을 이유로 이에 대한 권리를 침해받지 않고, 둘째, 모든 국민은 올바른 영양관리를 통하여 자신과 가족의 건강을 보호 · 증진하기 위하여 노력하여야 한다고 규정하고 있다.

2) 국민건강 실태

제 1차 국민건강기본계획 수립의 배경이 된 '2010 국민건강통계'에 따르면 영양과잉 및 영양섭취 부족, 영양소 섭취 불균형, 비만율 증가, 건강식생활 실천 저조 등 국민의 영양관리와 건강식생활이 미흡한 것으로 나타났다. 영양섭취가 부족한 사람들이 전체의 10% 가량 인데 반하여 에너지와 지방을 과잉 섭취하는 사람들은 최근 들어 증가 추세에 있다(<표 4-1> 참고).

〈표 4-1〉 영양섭취부족자 및 에너지/지방 과잉자 분율

(단위 : %)

구 분	'98		'01		'05		'07		'08		'09		'10	
	N	분율	N	분율	N	분율	N	분율	N	분율	N	분율	N	분율
영양섭취부족자 분율[2)]														
1세이상	10,400	19.3	9,968	18.4	8,930	11.6	4,091	17.1	8,631	13.8	9,391	14.2	8,019	9.9
1세이상(표준화)[3)]	10,400	19.5	9,968	18.5	8,930	11.6	4,091	17.1	8,631	13.7	9,391	14.2	8,019	10.0
에너지/지방과잉섭취자 분율														
1세이상	-	-	-	-	8,930	7.0	4,091	3.5	8,631	4.6	9,391	4.7	8,019	7.0
1세이상(표준화)	-	-	-	-	8,930	7.0	4,091	3.6	8,631	4.7	9,391	4.9	8,019	7.2

1) 자료원 : 2010 국민건강통계

2) **영양섭취부족자 분율** : 에너지 섭취 수준이 필요추정량(또는 영양권장량) 4)의 75%미만이면서 칼슘, 철, 비타민 A, 리보플라빈 섭취량이 평균필요량(또는 영양권장량의 75%) 미만인 분율 **에너지/지방과잉섭취자 분율** : 에너지 섭취량이 필요추정량(또는 영양권장량)5)의 125% 이상이면서 지방 섭취량이 적정 에너지 섭취비율을 초과한 분율

3) 2005년 추계인구로 연령표준화

※ 출처 : 식품의약품안전처

나트륨 과잉섭취, 칼슘과 비타민의 섭취부족 등 영양소 섭취의 불균형 문제도 상당한 수준이다. 나트륨의 경우 1500mg을 기준으로 했을 때 충분섭취량 대비 섭취비율 20007년엔 315.7%, 2008년엔 327.5%, 2009년엔 328.0%, 2010년엔 341.9%로 평균섭취량이 해마다 증가하고 있고, 충분 섭취량의 3배를 초과하고 있는 것으로 나타났다. 칼슘 성인 하루 권장량은 700~1,00mg인데, 2010년 칼슘 섭취량이 부족한 인구는 65%를 초과하였고 단백질과 인을 제외한 대부분 영양소 섭취량이 부족한 인구가 25%를 넘어섰다(<표 4-2> 참고).

〈표 4-2〉 영양섭취기준 미만 섭취자 분율 추이

(단위 : %)

구분	'98	'01	'05	'07	'08	'09	'10
	비율	비율	비율	비율	비율	비율	비율
전체	(N=10,400)	(N=9,968)	(N=8,930)	(N=4,091)	(N=8,631)	(N=9,391)	(N=8,019)
에너지	35.8	37.4	29.5	37.6	35.2	34.9	27.0
단백질	28.5	22.7	10.7	16.2	14.6	15.3	12.4
지방	-	-	30.6	37.6	37.5	36.6	32.8
칼슘	64.8	65.3	63.3	73.6	70.8	70.2	65.7
인	11.0	7.6	8.2	13.4	10.7	11.1	8.8
철	48.5	47.1	31.4	38.6	35.3	34.9	27.5
비타민A	55.8	52.2	35.2	43.3	39.4	40.3	38.0
티아민	25.2	27.9	33.3	35.8	34.8	34.5	28.8
리보플라빈	50.7	44.6	49.7	57.6	52.7	50.3	43.6
나이아신	33.7	28.5	26.7	35.5	33.5	31.7	26.6
비타민C	17.4	22.0	46.4	49.9	46.4	46.7	43.8

1) 자료원 : 2010 국민건강통계
2) 영양섭취기준 미만 섭취자 판정기준: 에너지, 필요추정량(또는 권장량)의 75%; 지방, 지방에너지 적정비율의 하한선; 그 외 영양소, 평균필요량(또는 권장량의 75%)
3) 2005년 추계인구로 연령표준화 영양섭취
4) '-' : 한국인 영양권장량 제6차 및 제7차 개정에는 지방에 대한 에너지적정비율 기준 미비

※ 출처 : 식품의약품안전처

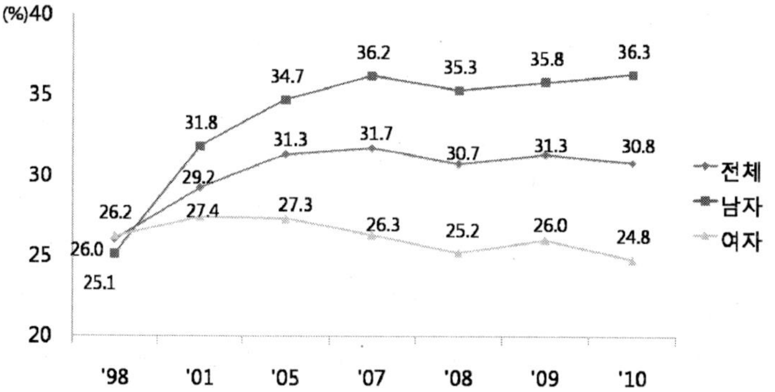

※ 출처 : 식품의약품안전처

〈그림 4-1〉 19세 이상 한국 성인의 비만유병율 추이: 체질량지수(BMI) 25기준

<그림 4-1>에서 보면 성인 비만율은 1998년 26.0%에서 2007년에 31.7%로 가장 많이 증가하였다가, 2008년부터 약간씩 감소하기는 했으나 2010년엔

30.8% 로 4.8%가 증가하였다. 남자는 1998년에 25.1%에서 계속 증가하여 2010년엔 36.3%로 11.2%로 크게 증가하였다. 남자와는 달리 여자는 1998년에 26.0%에서 2010년에 24.8%로 1.2% 감소하였다. 아동·청소년의 경우에는 6~11세의 경우 1998년에 5.8%에서 2010년에 8.8%로 3.0% 증가하였고, 12~18세는 1998년 9.2%에서 2010년에 12.7%로 증가속도가 더 빠른 것으로 나타나고 있다.

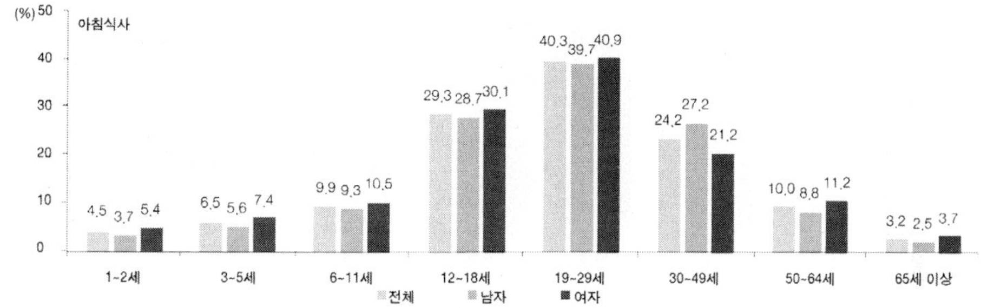

※ 자료원 : 2009 국민건강통계
※ 아침식사 결식률 :
{(1일전 아침식사여부에 '아니오'로 응답한 대상자 수)+(2일전 아침식사여부에 '아니오'로 응답한 대상자 수)}의 {(1일전 아침식사여부 응답자 수)+(2일전 아침식사여부 응답자 수)}에 대한 분율

※ 출처 : 식품의약품안전처

〈그림 4-2〉 아침식사 결식율 (2010 국민건강통계)

<그림 4-2>에서 보면 아침식사 결식율은 19~29세의 경우 전체 40.3%, 남자는 39.7%, 여자는 40.9%로 가장 높았고, 두 번째는 12~18세의 청소년으로 전체 29.3%, 남자 28.7%, 여자 30.1%를 차지했다. 세 번째는 30~49세로 전체 24.2%, 남자 27.2%, 여자 21.2%를 차지했다. 청소년들은 아침 일찍 등교를 하기 때문에, 20대와 30대는 아침 일찍 출근하기 때문에 아침을 거르는 일이 많다고 볼 수 있다.

<그림 4-3>에서 보면 성인의 영양표시 이용율은 24.9%에 불과하였는데, 남자는 16.3%, 여자는 33.4%로 특히 남자의 이용율이 낮은 것으로 나타났다. 연령별로 보면 19~29세가 40.7%로 가장 많이 이용하였고, 그 다음은 30~49세로 32.3%, 12~18세 31.4%, 6~11세 13.2%, 50~64세 11.8%, 65세 이상 2.0%로 나타

났다. 아동과 중노년들의 영양표시 이용률이 특히 낮은 것으로 나타났다. 거주지와 소득수준에 따라서는 큰 차이가 나타나지 않았다.

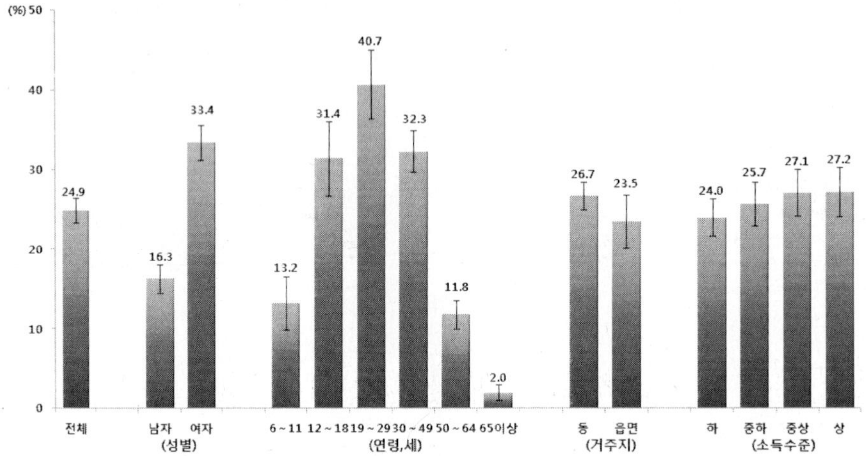

※ 자료원 : 2010 국민건강통계

※ 영양표시 이용률 : 가공식품 선택 시 영양표시를 읽는다고 응답한 분율

※ 거주지 및 소득수준에 따른 결과는 2005년 추계인구로 표준화하여 산출

※ 출처 : 식품의약품안전처

〈그림 4-3〉 영양표시 이용률 (2010 국민건강통계)

<그림 4-4>에서 영양교육 수혜율을 보면 전체 5.9%로 매우 낮은 것으로 나타났다. 성별로 보면 여자는 6.7%로 5.0%를 차지한 남자보다 약간 높게 나타났다. 연령별로는 6~11세 아동이 28.9%로 가장 높았고, 그 다음은 12~18세로 12.2%를 차지했다. 그 외 다른 연령층은 2.4%에서 4.3%로 극히 낮은 것으로 나타났다. 영양교육 수혜율은 거주지와 소득수준에 따라서는 큰 차이가 나지않았다.

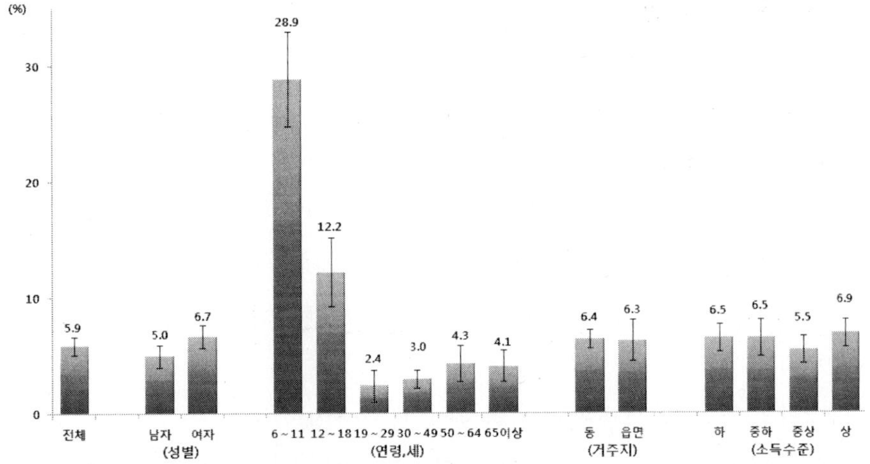

※ 자료원 : 2010 국민건강통계

※ 영양교육 및 상담수혜율 : 최근 1년이내 영양교육이나 상담을 받아 본 경험이 있다고 답한 분율(초등생 이상)

※ 거주지 및 소득수준에 따른 결과는 2005년 추계인구로 표준화하여 산출

※ 출처 : 식품의약품안전처

〈그림 4-4〉 영양교육 수혜율 (2010 국민건강통계)

2. 국민영양관리정책

1) 국민영양정책 등의 심의위원회

국민영양정책 등의 심의위원회는 국민의 영양관리를 위하여 다음의 사항을 심의한다.

① 국민영양정책의 목표와 추진방향에 관한 사항

② 기본계획의 수립에 관한 사항

③ 그 밖에 영양관리를 위하여 위원장이 필요하다고 인정한 사항

2) 영양관리사업

국민영양관리법 시행령에서는 영양관리사업의 유형으로 다음과 같은 사업을 규정하고 있다.

① 영양소 섭취기준 및 식생활 지침의 제정 · 개정 · 보급 사업
② 영양취약계층을 조기에 발견하여 관리할 수 있는 국가영양관리감시체계 구축 사업
③ 국민의 영양 및 식생활 관리를 위한 홍보 사업
④ 고위험군 · 만성질환자 등에게 영양관리식 등을 제공하는 영양관리서비스산업의 육성을 위한 사업
⑤ 그 밖에 국민의 영양관리를 위하여 보건복지부장관이 필요하다고 인정하는 사업

영양관리사업의 구체적인 내용은 다음과 같다.

(1) 영양 · 식생활 교육사업

국가 및 지방자치단체는 국민의 건강을 위하여 영양 · 식생활 교육을 실시하여야 하며 영양 · 식생활 교육에 필요한 프로그램 및 자료를 개발하여 보급하여야 한다. 영양 · 식생활 교육의 대상 · 내용 · 방법 등에 필요한 사항은 보건복지부령으로 정하도록 되어 있다.

(2) 영양취약계층 등의 영양관리사업

2011년 6월 7일에 개정된 법에서는 국가 및 지방자치단체가 다음과 같은 영양관리사업을 실시할 수 있도록 규정하고 있다.

① 영유아, 임산부, 아동, 노인, 노숙인 및 사회복지시설 수용자 등 영양취약계층을 위한 영양관리사업

② 어린이집, 유치원, 학교, 집단급식소, 의료기관 및 사회복지시설 등 시설 및 단체에 대한 영양관리사업

③ 생활습관질병 등 질병예방을 위한 영양관리사업

(3) 통계 · 정보 수집과 관리

보건복지부장관은 영양정책 및 영양관리사업 등에 활용할 수 있도록 식품 및 영양에 관한 통계 및 정보를 수집 · 관리하여야 한다. 보건복지부장관은 통계 및 정보를 수집 · 관리하기 위하여 필요한 경우 관련 기관 또는 단체에 자료를 요청할 수 있고, 자료를 요청받은 기관 또는 단체는 이에 성실히 응하여야 한다.

(4) 영양관리를 위한 영양 및 식생활 조사

국가 및 지방자치단체는 지역사회의 영양문제에 관한 연구를 위하여 다음과 같은 조사를 실시할 수 있다.

① 식품 및 영양소 섭취조사

② 식생활 행태 조사

③ 영양상태 조사

④ 그 밖에 영양문제에 필요한 조사로서 대통령령으로 정하고 있는 사항

- 식품의 영양성분 실태조사
- 당 · 나트륨·트랜스지방 등 건강 위해가능 영양성분의 실태조사
- 음식별 식품재료량 조사
- 그 밖에 국민의 영양관리와 관련하여 보건복지부장관 또는 지방자치단체의 장이 필요하다고 인정하는 조사

또한 보건복지부장관은 국민의 식품섭취·식생활 등에 관한 국민 영양 및 식생활 조사를 정기적으로 실시하여야 하고, 조사 시기와 방법, 그 밖에 필요한 사항은 대통령령으로 정하고 있다. 즉 보건복지부장관은 영양관리를 위

한 영양 및 식생활 조사를 국민건강증진법 제16조에 따른 국민영양조사에 포함하여 실시해야 한다. 식품의약품안전처장은 가공식품과 식품접객업소·집단급식소 등에서 조리·판매·제공하는 식품 등에 대한 실태조사를 식품의약품안전처장이 정한 기준에 따라 매년 실시해야 한다. 보건복지부장관은 식품접객업소 및 집단급식소 등의 음식별 식품재료에 대한 실태조사를 보건복지부장관이 정한 기준에 따라 매년 실시한다.

(5) 영양소 섭취기준 및 식생활 지침의 제정 및 보급

보건복지부장관은 국민건강증진에 필요한 영양소 섭취기준을 제정하고 정기적으로 개정하여 학계·산업계 및 관련 기관 등에 체계적으로 보급하여야 하고, 국민건강증진과 삶의 질 향상을 위하여 질병별·생애주기별 특성 등을 고려한 식생활 지침을 제정하고 정기적으로 개정·보급하여야 한다.

3) 국민영양관리기본계획

보건복지부장관은 국민영양관리기본계획을 수립할 때 기본계획안을 작성하여 관계 중앙행정기관의 장에게 통보하여야 하고, 기본계획안에 관계 중앙행정기관의 장으로부터 수렴한 의견을 반영하여 국민건강증진법 제5조에 따른 국민건강증진정책심의위원회의 심의를 거쳐 5년마다 수립하여 국민영양관리기본계획을 확정하여야 한다. 국민영양관리기본계획에는 다음과 같은 사항이 포함되어야 한다.

① 기본계획의 중장기적 목표와 추진방향

② 다음 각 목의 영양관리사업 추진계획

- 영양·식생활 교육사업
- 영양취약계층 등의 영양관리사업
- 영양관리를 위한 영양 및 식생활 조사
- 그 밖에 대통령령으로 정하는 영양관리사업

③ 연도별 주요 추진과제와 그 추진방법
④ 필요한 재원의 규모와 조달 및 관리 방안
⑤ 그 밖에 영양관리정책수립에 필요한 사항

기본계획을 통보받은 시장 · 군수 · 구청장은 국민영양관리시행계획을 수립하여 매년 1월 말까지 특별시장 · 광역시장 · 도지사 · 특별자치도지사)에게 보고하여야 하며, 이를 보고받은 시 · 도지사는 관할 시 · 군 · 구의 시행계획을 종합하여 매년 2월 말까지 보건복지부장관에게 제출하여야 한다. 시장 · 군수 · 구청장은 국민영양관리시행계획을 지역보건법 시행령 제 5조에 따른 지역보건의료계획의 연차별 시행계획에 포함하여 수립할 수 있다.

시장 · 군수 · 구청장은 해당 연도의 시행계획에 대한 추진실적을 다음 해 2월 말까지 시·도지사에게 보고하여야 하며, 이를 보고받은 시 · 도지사는 관할 시 · 군 · 구의 추진실적을 종합하여 다음 해 3월 말까지 보건복지부장관에게 제출하여야 한다. 시장 · 군수 · 구청장은 지역 내 인구의 급격한 변화 등 예측하지 못한 지역 환경의 변화에 따라 필요한 경우에는 관련 단체 및 전문가 등의 의견을 들어 시행계획을 변경할 수 있다. 시장 · 군수 · 구청장은 시행계획을 변경한 때에는 지체 없이 이를 시·도지사에게 보고하여야 하며, 이를 보고받은 시·도지사는 지체없이 이를 보건복지부장관에게 제출하여야 한다. 보건복지부장관은 시행계획의 내용이 국가의 영양관리시책에 부합되지 아니하는 경우에는 조정을 권고할 수 있고, 제출받은 추진실적을 현황분석 · 목표 · 활동전략의 적절성 등 보건복지부장관이 정하는 평가기준에 따라 평가하여야 하고, 평가한 결과를 공표할 수 있다.

보건복지부는 만성질환 예방을 위한 건강한 식습관 형성과 영양관리의 중요성을 고려하여 “제1차(2012~2016년) 국민영양관리 기본계획”을 확정 · 발표하였다. 이 계획은 만성질환 예방을 위한 건강 식생활 실천, 영양불균형 및 격차 해소 등을 위한 3대 분야 10대 과제를 중심으로 마련되었고, 국민건강증진정책심의위원회 심의를 거쳐 확정하였다. 3대분야에는 환경조성 및 교육 · 홍보의 2개 과제, 생애주기별 영양관리 지원의 4개 과제, 기반조성의 4개 과제 등이 포함되어 있다. <표 4-3>에는 제1차 국민영양관리 기본계획의 주요 내용이 제시되어 있다.

〈표 4-3〉 제1차 국민영양관리 기본계획

<table>
<tr><th colspan="2">추진분야</th><th>세부사업</th></tr>
<tr><td rowspan="2">환경조성 및
교육·홍보</td><td>건강식생활 실천
환경조성</td><td>- 식품 및 음식 영양정보 확인환경 조성</td></tr>
<tr><td>건강식생활
교육·홍보</td><td>- 나트륨·주류 및 위해가능 영양성분 섭취 저감화
- 건강체중 인식확산 교육 및 홍보
- 맞춤형 영양관리도구 개발</td></tr>
<tr><td rowspan="4">생애주기별
영양관리지원</td><td>임산부 및 영유아</td><td>- 임산부 및 영유아 영양관리 지원사업 강화
- 모유수유 촉진 및 임산부·신생아 건강지원
- 다문화가정 영양관리
- 어린이 급식관리지원센터 확대 및 운영 내실화
- 보육교사 영양교육 이수 및 보육시설 영양교육 강화</td></tr>
<tr><td>어린이 및 청소년</td><td>- 지역아동센터 급식관리 체계화
- 저소득층 어린이 과일제공사업
- 영양친화학교 운영</td></tr>
<tr><td>성인</td><td>- 만성질환 예방·관리를 위한 영양관리</td></tr>
<tr><td>노인</td><td>- 노인 급식의 질 관리 제고
- 노인 방문건강관리 영양상담 체계 개발</td></tr>
<tr><td rowspan="4">기반조성</td><td colspan="2">국민 식생활 모니터링</td></tr>
<tr><td colspan="2">영양정보뱅크 운영</td></tr>
<tr><td colspan="2">영양관리 근거기준·지침 연구</td></tr>
<tr><td colspan="2">영양관리서비스 산업기반 구축 및 건강·질환 관리 상품 육성</td></tr>
</table>

올바른 영양, 식생활 지식을 효과적으로 확산하고 건강한 식생활 실천 기술을 보급하기 위하여 건강식생활실천 환경조성 및 건강식생활 교육·홍보를 추진한다. 가공식품 영양표시제도 의무대상을 면류, 음료류 등 11개에서 장류 등 추가 확대하고, 외식·급식 영양표시제도를 확대하기 위하여 기술지원 및 시범사업 운영, 주류 칼로리 자율표시 시범사업 들을 추진하여 소비자들이 식품 영양정보를 보다 쉽게 확인할 수 있게 한다. 나트륨 저감화 운동, 건강체중 캠페인, 한국인 식생활 지침 보급 등 식습관 및 영양관리에 관한 교육·홍보를 추진한다.

건강수준 향상을 위한 생애주기별 영양관리를 지원하고 건강형평성 제고를 위하여 영유아 및 임산부, 어린이 및 청소년, 성인, 노인에 대한 영양관리 정책을 강화한다. 즉 임산부는 임신주기에 따라 보건소에서 철분제와 엽산제를 지원받을 수 있고, 영양플러스 사업을 통해 필수 식품 제공과 영양상담을 받을 수 있다. 철분제는 임신 5개월 이상인 보건소에 등록한 임산부에게 지원되는데, 2008년에 14억이 지원되었고, 2012년엔 30억이 지원될 예정이다. 엽산제는 35세 이상 산모에게 2012년부터 지원하기 시작하였는데, 278백만원의 예산이 책정되었다. 영양플러스 사업은 최저생계비의 200% 이하의 소득을 가진 영양위험요인을 보유한 영유아, 임신부, 출산·수유부를 대상으로 하고 있다.

어린이와 청소년의 영양불균형을 개선하기 위하여 학생 · 학부모 · 교사의 영양교육 및 상담 강화, 건강매점 운영, 학생 아침밥클럽 등을 주요 골자로 하는 영양친화학교를 시범 운영한다. 저소득 어린이 및 청소년의 영양관리를 위하여 지역아동센터 급식관리 매뉴얼을 개발하여 보급하고, 어린이급식지원센터를 2012년 22개에서 2016년엔 70개로 확대할 예정이다.

성인의 경우 건강검진결과 건강위험요인 보유자에 대한 보건소 · 국민건강보험공단의 건강상담 및 영양상담이 제공되고, 국가건강검진(생애전환기, 일반검진) 결과 정상B~유질환군의 건강위험요인 보유 판정을 받은 경우 보건소 또는 국민건강보험공단의 정보 제공 및 상담서비스를 받을 수 있다. 노인의 영양관리를 위하여 지자체의 도시락 배달 사업, 보건소 방문건강관리 제공, 경로당 급식 지원사업 등이 추진된다.

영양관리 정책의 기반을 구축하고 근거가 되는 기반의 정책을 추진하기 위하여 국민식생활 모니터링, 영양정보뱅크 운영, 영양관리기준 조사 · 연구를 강화한다. 영양관리 식생활행태조사, 당 · 나트륨 · 트랜스 지방 · 포화지방 등 위해가능 영양성분 실태조사 및 섭취량 평가를 시행한다. 영양정보의 활용성을 제고시키기 위하여 영양정보 인증과 모니터링을 통해 영양정보 통합관리 시스템을 구축하고 대상별 맞춤형 영양 사이버 정보관 등 국가영양정보뱅크를 운영한다.

〈표 4-4〉 제1차 국민영양관리기본계획 주요 지표

국민영양관리 기본계획 목표	국민영양관리 기본계획 주요지표
건강식생활 실천율 제고	• 건강 식생활 실천 인구비율 증가 (지방, 나트륨, 과일/채소, 영양표시 등 4개 지표 중 2개 이상을 만족하는 인구 비율 증가) - 2008년 28.9 → 2015년 32.5% ※ 1인당 1일 나트륨 섭취량('10년 4,878mg) 20%감소(2020) • 영양섭취 부족인구 비율 감소 - 2008년 13.7% → 2015년 8% • 영양표시 활용인구 증가 - 2008년 22.7% → 2015년 27% • 아침결식률 감소 - 2008년 21.5% → 2015년 18%
인구 특성에 따른 영양격차 최소화	• 영양관리(교육 및 상담)를 받는 인구비율 증가 - 2008년 8.3% → 2015년 15.1% 증가 • 식품 안정성이 확보된 가구 비율 확대 - 2008년 88.1% → 2015년 92.1% 확대
만성질환 증가속도 관리	• 적정체중(18.5≤BMI〈25) 성인 인구비율 증가 - 2008년 64.0% → 2015년 65.8% 증가 • 고혈압 유병율(30세 이상) 감소 - 2008년 26.9% → 2015년 25.0% 감소

식품 규제 및 영양 정책의 기반이 되는 한국인 영양섭취기준을 제·개정 하고, 전문가용과 일반인용으로 구성하여 교육자료와 함께 보급하고, 필수 영양소에 대한 기초 연구를 지원한다. 질환관리와 예후관리를 위한 민간 영양관리서비스산업을 육성하기 위하여 영양관리서비스 개념을 정립되고, 전문인력의 질을 제고하고 양성하기 위한 면허 자격제도를 개편하고 기존의 전문인력을 대상으로한 재교육을 활성화한다. <표 4-4>에는 제1차 국민영양관리기본계획 주요 지표가 제시되어 있다. 예를 들면 나트륨의 경우 1인당 1일 나트륨 섭취량이 2010년 4,878mg에서 2020년엔 20%감소를 목표로 하고 있다.

4) 영양 · 식생활 교육

보건복지부장관, 시 · 도지사 및 시장 · 군수 · 구청장은 국민 또는 지역 주민에게 생애주기 등 영양관리 특성을 고려한 영양 · 식생활 교육을 실시하여야 한다. 영양 · 식생활 교육의 내용은 다음과 같다.

① 생애주기별 올바른 식습관 형성 · 실천에 관한 사항

② 식생활 지침 및 영양소 섭취기준

③ 질병 예방 및 관리

④ 비만 및 저체중 예방·관리

⑤ 바람직한 식생활문화 정립

⑥ 식품의 영양과 안전

⑦ 영양 및 건강을 고려한 음식만들기

⑧ 그 밖에 보건복지부장관, 시·도지사 및 시장 · 군수 · 구청장이 국민 또는 지역 주민의 영양관리 및 영양개선을 위하여 필요하다고 인정하는 사항

5) 영양소 섭취기준과 식생활 지침

영양소 섭취기준 및 식생활 지침의 발간 주기는 5년으로 하되, 필요한 경우 그 주기를 조정할 수 있다.

(1) 영양소 섭취기준

① 국민의 생애주기별 영양소 요구량(평균 필요량, 권장 섭취량, 충분 섭취량 등) 및 상한 섭취량

② 영양소 섭취기준 활용을 위한 식사 모형

③ 국민의 생애주기별 1일 식사 구성안

④ 그 밖에 보건복지부장관이 영양소 섭취기준에 포함되어야 한다고 인정하는 내용

(2) 식생활 지침

① 건강증진을 위한 올바른 식생활 및 영양관리의 실천
② 생애주기별 특성에 따른 식생활 및 영양관리
③ 질병의 예방 · 관리를 위한 식생활 및 영양관리
④ 비만과 저체중의 예방 · 관리
⑤ 영양취약계층, 시설 및 단체에 대한 식생활 및 영양관리
⑥ 바람직한 식생활문화 정립
⑦ 식품의 영양과 안전
⑧ 영양 및 건강을 고려한 음식 만들기
⑨ 그 밖에 올바른 식생활 및 영양관리에 필요한 사항

〈 사례 : 국민영양관리기본계획 추진시 달라지는 식생활, 영양관리 〉

▪ 주부 이연경씨(40세)는 마트에서 식품 구매시 영양표시를 활용하고 있다. 가공식품 영양표시제도 의무대상이 확대되면 기존의 음료수, 면류 뿐만 아니라 고추장, 된장 같은 장류의 영양표시도 확인하고 구매할 수 있게 된다. 아이들이 먹는 과자의 영양정보도 항상 확인을 하여 구매하여 왔지만, 총량이 아닌 1회 제공량으로 적혀있어 늘 착각하곤 하였다. 이러한 과자류 1회 제공량을 현실화하는 방안도 개선이 검토될 예정이다.

▪ 직장인 김소연씨(30세)는 점심시간에는 늘 구내식당을 이용하곤 한다. 외부 음식점에 비해 영양관리가 잘 될 것이라고 기대는 하지만, 영양표시가 되지 않아 확인해볼 길이 없었다. 내년부터 박지연씨의 직장 구내식당은 직장 급식의 영양표시 확대 시범사업에 포함이 되면서 영양 정보가 확인이 가능해진다.

▪ 초등학생 서지수군(9세)은 자주 아침을 거르곤 했다. 늦잠자는 것을 좋아하고 부모님이 맞벌이 부부이기 때문에 또래에 비해 식습관이 좋지 않았다. 최지훈군의 학교가 영양친화학교의 일환으로 아침밥클럽을 운영할 예정이라고 한다. 아침을 먹으면 키도 크고 성적도 좋아진다고 하여 아침밥클럽 운영이 어서 빨리 시작되기를 기대하고 있다.

▪ 중학생 이연옥양(14세)는 현재 저체중이면서도 늘 다이어트 중이었다. 마른 것

이 아름답고 건강한 것이라는 생각으로 늘 적게 먹으려 노력하다보니 빈혈이 자주 왔다. 인기 아이돌 스타가 건강체중 ROLL MODEL로 선정되어 저체중의 위험성에 대해 이해하면서 건강한 식단을 지키려 노력하게 되었다.

■ 오유진(37세)씨는 임신 1개월 째이다. 노산이 걱정되지만 보건소에서 엽산제를 지원받을 수 있게 되었고, 임신 5개월 부터는 철분제를 지원받을 수 있다고 한다. 또한 식품에 대한 일부 본인부담을 통해 필요식품을 제공받으면서 영양교육을 받는 영양플러스에 등록하여 자신과 아기의 건강관리에 만전을 기할 수 있게 되었다.

■ 직장인 최진수(46세)씨는 건강검진결과 고혈압·당뇨의심 판정을 받았다. 젊었을 때는 건강했지만 직장의 야근과 회식이 이어지다보니 건강에 무리가 가는 것 같다. 질병이 있는 것은 아니라 병원을 찾기는 애매하였는데, 보건소에서 건강상담을 안내하는 전화가 걸려왔다. 시간을 내어 보건소에 방문하여 현재 건강상태에 대한 상담과 식단지도, 운동지도를 받기로 하였다.

■ 안기현 할아버지(73세)는 식사시간이 늘 걱정이다. 아내와 사별한 이후로 제대로 밥을 챙겨먹기가 곤란하다. 건강도 점점 악화되는 것 같아 걱정만 늘었다. 경로당에서 점심, 저녁에 건강식사를 제공하기로 하였다고 하여 나가볼 계획이다. 보건소에서 도시락 배달 사업도 실시한다고 하여 식사 걱정도 건강 걱정도 한결 덜 수 있을 것 같다.

제 5 장

영양표시 제도

영양표시제도는 일정한 사항의 영양표시의무를 식당이나 음식관련 기업에게 부과하는 것으로 가장 보편적인 정보공개수단이다. 영양표시제도는 소비자의 합리적인 선택을 돕고, 동종 또는 유사한 외식업 간에 경쟁을 유도하여 영양적으로 좋으면서 맛도 있는 음식을 공급하게 하는 유인책이 될 수 있다는 점에서 중요한 정책이 될 수 있다. 영양표시제도가 시행되면 소비자가 선택을 할 때 영양표시를 중요한 판단기준으로 삼게 되고, 이 사실을 알고 있는 외식사업자들은 소비자의 선택을 받기 위하여 자발적으로 더 좋은 음식을 만들려고 하게 된다. 이 결과 영양표시에 큰 관심을 가지지 않는 소비자들도 무임승차로 좋은 결과를 얻을 수 있다. 그러므로 영양표시제도가 실효성을 거두기 위해서는 영양표시에 적극적인 소비자가 시장에 일정 비율 이상이 될 수 있도록 영양교육이 활성화되어야 한다. 이 장에서는 우리나라를 비롯한 주요 선진국의 영양표시제도에 관하여 설명하였다.

1. 우리나라의 영양표시제도

식품 등의 표시기준(식약처고시 제2008-66호)에 의하면 영양표시는 제품 일정량에 함유된 영양소의 함량을 표시하는 것을 의미한다. 식품의약품안전처 영양평가과 영양표시정보에서는 식품에 어떠한 영양소가 얼마나 들어있는지를 식품 포장에 표시하는 것이라고 규정하고 있다. 가공식품의 영양표시는 식품위생법 제10조 1항에 의한 식품등의 표시기준에 따라 관리되고 있다. 현재 장기보존식품, 과자류 중 과자 및 캔디류, 빵류 및 만두류, 초콜릿류, 잼류, 식용 유지류, 면류, 음료류, 특수용도식품 등과 같은 9가지 가공식품에 영양표시를 의무화하고 있다. 표시대상이 되는 가공식품에 대해 나트륨을 포함하여 열량, 탄수화물, 당류, 단백질, 지방, 포화지방, 트랜스지방, 콜레스테롤 등 9가지 영양소를 의무적으로 표시하도록 되어 있다.

영양성분의 함량은 1회 제공량당, 100그램(g) 당, 100미리리터(ml)당 또는 1포장 당 포함하고 있는 값으로 표시해야 하고, 각 영양성분별로 식품등의 표시기준에서 제공하고 있는 표시단위와 동일하게 표시해야 한다. 나트륨과 콜레스테롤은 mg단위로, 열량은 kcal, 탄수화물과 당류, 단백질, 지방, 포화지방, 트랜스지방은 g으로 표시해야한다.

영양표시를 할 때, 영양성분은 8포인트 이상의 굵은 고딕체로 해야 하며, 2009년 5월 1일부터 의무적으로 도안 형태로 표시하도록 규정하고 있다. 표시대상 가공식품의 사업자는 식품등의표시기준의 '영양성분 표시서식 도안'에서 제공하고 있는 양식 중 1개를 선택하면 된다. 1회 제공량당, 100g(ml)당 또는 1포장당, 총 제공량당 중 어떤 단위로 표시하는 가에 따라 도안 양식에 차이가 있다. <그림 5-1>에는 영양성분 표시서식 도안이 제시되어 있다. 100g(ml)당 또는 1포장당 표시하는 식품은 갑형 나)의 서식과 같이 ⓐ, ⓒ 및 ⓓ를 표시할 수 있다. 100g(ml)당 또는 1포장당 표시하는 식품은 갑형 나)의 서식과 같이 ⓐ, ⓒ 및 ⓓ를 표시할 수 있다. 100g(ml)이상 포장된 제품의 경우 ⓐ 1회 제공량은 100g(ml)으로, ⓑ 총 횟수 및 제공량은 총 내용량 g(ml)으로, ⓒ 1회 제공량당 함량은 100g(ml)당을 기준으로 산출하여 표시하여야 한다.

가. 1회 제공량당, 100g(ml)당 또는 1포장당으로 표시하여야 하는 제품

1) 갑형

가) 1회 제공량당

영 양 성 분

1회 제공량 00 (00g) ⓐ
총 00회 제공량(00g) ⓑ

1회 제공량 당 함량ⓒ		* %영양소 기준치ⓓ
열량	000㎉	
탄수화물	00g	00%
당류	00g	
단백질	00g	00%
지방	00g	00%
포화지방	00g	00%
트랜스지방	00g	
콜레스테롤	00mg	00%
나트륨	00mg	00%

* %영양소 기준치 : 1일 영양소 기준치에 대한 비율

나) 100g(ml)당 또는 1포장당

영 양 성 분

1회 제공량 00 (00g) ⓐ
총 00회 제공량(00g) ⓑ

1회 제공량 당 함량ⓒ		* %영양소 기준치ⓓ
열량	000㎉	
탄수화물	00g	00%
당류	00g	
단백질	00g	00%
지방	00g	00%
포화지방	00g	00%
트랜스지방	00g	
콜레스테롤	00mg	00%
나트륨	00mg	00%

* %영양소 기준치 : 1일 영양소 기준치에 대한 비율

2) 을형

영 양 성 분

1회 제공량 00 (00g) ⓐ
총 00회 제공량(00g) ⓑ

1회 제공량 당 함량ⓒ		* %영양소 기준치ⓓ	1회 제공량 당 함량ⓒ		* %영양소 기준치ⓓ
열량	000㎉		지방	00g	00%
탄수화물	00g	00%	포화지방	00g	00%
당류	00g		트랜스지방	00g	
			콜레스테롤	00mg	00%
단백질	00g	00%	나트륨	00mg	00%

* %영양소 기준치 : 1일 영양소 기준치에 대한 비율

3) 병형

영 양 성 분 1회 제공량 00 (00g)ⓐ 총 00회 제공량(00g) ⓑ

1회 제공량당 함량ⓒ : 열량 000㎉, 탄수화물 00g(00%) 당류 00g, 단백질 00g(00%),
지방 00g(00%) 포화지방 00g(00%) 트랜스지방 00g,
콜레스테롤 00mg(00%), 나트륨 00mg(00%)
( )안의 수치는 1일 영양소 기준치에 대한 비율임 ⓓ

나. 2회제공량 이상 또는 100g(ml)이상 포장된 식품 등으로 총 내용량의 영양 성분 표시를 함께 하여야 하는 제품

식품의약품안전처는 어린이의 잘못된 식습관으로 만성질환이 증가하고 있고, 식중독이 발생하는 등 식품안전에 대한 불안감이 커짐에 따라 2007년을 '어린이 먹거리 안전의 해'로 지정하였다. 먹거리 종합 대책의 일환으로 영양정보를 소비자에게 전달하여 소비자들이 이를 근거로 합리적인 선택을 할 수 있도록 하기 위하여 패스트푸드 및 외식업체를 대상으로 영양표시제도를 시범적으로 적용하기 시작하였다. 이 시책은 영양표시 의무화를 통하여 나트륨, 트랜스지방, 당에 대한 관리를 강화하고, 지방에서 유래한 열량섭취의 증가, 식이섬유의 섭취량 감소에 따른 국민 건강을 돕기 위한 것이다.

영 양 성 분

1회 제공량 00 (00 g)ⓐ　　총 00 회 제공량(00 g)ⓑ

1회 제공량당 함량ⓒ		* %영양소 기준치ⓓ	총 포장단위당 함량ⓔ	* %영양소 기준치ⓕ
열량	000kcal		000kcal	
탄수화물	00g	00%	00g	00%
당류	00g		00g	
단백질	00g	00%	00g	00%
지방	00g	00%	00g	00%
포화지방	00g	00%	00g	00%
트랜스지방	00g		00g	
콜레스테롤	00mg	00%	00mg	00%
나트륨	00mg	00%	00mg	00%

* %영양소 기준치 : 1일 영양소 기준치에 대한 비율

〈그림 5-1〉 영양성분 표시 서식 도안

식품의약품안전처는 2007년부터 산업체와 학계등으로 구성된 외식업체 영양표시 위원회를 운영하여 어린이 식생활안전관리 특별법의 내용과 규칙을 구체적으로 논의하였다. 이러한 노력의 일환으로 2008년 1월부터 패스트푸드점, 7월에는 피자와 커피전문점, 11월에는 도넛과 제빵, 치킨업체가 자율적으로 영양성분 표시를 시범적으로 실시하였다. 이 시범사업은 업체가

자율적으로 홈페이지 및 매장에서 열량 등 영양정보를 제공하여 소비자가 제품 구매할 때 사전에 영양정보를 확인 할 수 있도록 하고 있다. 시범사업에 참여한 업체들은 주요 상권에 입점하고 있는 매장의 메뉴보드, 카운터 앞 메뉴판, 외부 홍보물, POS화면과 자사 홈페이지 등에 중량 및 열량, 탄수화물, 단백질, 지방, 나트륨, 트랜스지방 등의 영양소를 표시하였다(식품의약품안전처 보도자료 2008).

보건복지가족부는 2008년 11월에 어린이 식생활 안전관리 특별법과 시행령, 시행규칙을 제정함에 따라 2010년 1월 1일부터 외식업체가 영양표시를 하도록 하였다. 이 법률 제 11조는 식품위생법 제 21조 제1항 제3호에 따른 식품접객영업자 중 주로 어린이 기호식품을 조리·판매하는 업소로서 대통령령으로 정하는 영업자가 조리 · 판매하는 식품은 영양성분을 표시하도록 규정하고 있다. 그리고 식품의약품안전처장은 영양성분 표시를 위한 표시기준 및 방법 등을 정하여 고시하여야 한다. 이에 따라 점포수가 100개 이상인 외식업체에서의 영양표시가 2010년 1월부터 의무화되었다.

식품의약품안전처는 소비자의 알 권리와 건강한 식품 선택권 보장을 위해 어린이들이 즐겨 찾는 국내 5개 대형 놀이시설 내 음식점에 자율 영양표시를 실시한다고 밝혔다. 자율 영양표시에 참여하는 놀이시설은 롯데월드, 삼성에버랜드, 서울대공원, 서울랜드, 어린이대공원으로 판매되는 모든 음식에 영양성분 함량을 제공하게 된다. 자율 영양표시 대상 영양성분은 의무 영양표시 기준과 동일하게 열량, 당류, 포화지방, 나트륨, 단백질 등 5개 영양소이다. 영양표시 방법은 음식 판매 매장 특성에 따라 메뉴판, 메뉴보드, 포스터 등을 이용해 다양하게 할 수 있다. 모든 영양성분을 자세하게 표시하기 어려운 메뉴판의 경우 1회 제공량과 해당 열량만을 표시하고, 리플릿이나 포스터 등을 이용해 5가지 영양성분을 자세하게 기재한다. <그림 5-2>와 <표 5-1>에 영양성분 표시 예가 제시되어 있다.

〈표 5-1〉 영양성분표

메뉴 \ 영양	1회 제공량	열량 (kcal)	1회 제공량 당 함량(% 영양소 기준치)				
			탄수화물(g)	당류(g)	단백질(g)	포화지방(g)	나트륨(g)
쇠고기국밥	530g	378	60.1(16%)	0.0	17.5(29%)	20.6(137%)	1401.8(70%)
카레라이스	580g	1128	329.9(101%)	0.0	32.7(55%)	1.8(12%)	1262.3(63%)
돈가스	1개	492	18.2(6%)	0.0	11.5(19%)	19.2(128%)	30.8(2%)
설렁탕	558g	627	201.6(61%)	0.9	19.7(33%)	12.3(82%)	834.4(42%)
제육김치덮밥	520g	2120	287.6(88%)	44.7	151.6(253%)	62.9(419%)	3324.0(166%)
돈가스 양념 치킨 (돈가스+양념치킨)	1 개씩	635	31.2(10%)	30.	17.4(29%)	7.0(47%)	541.5(27%)
허브참치	235g	670	30.6(9%)	0.0	10.4(17%)	0.7(5%)	1730.7(87%)
비엔나소시지	175g	402	25.0(8%)	17.6	14.2(24%)	0.3(2%)	1416.2(71%)
감자튀김	60g	290	12.1(4%)	0.0	1.2(2%)	3.8(25%)	24.9(1%)
버섯불고기잡채	275g	406	69.3(21%)	1.9	6.4(11%)	1.4(9%)	349.5(17%)
탕수육	300g	1102	179.1(55%)	41.3	22.3(37%)	14.7(96%)	583.1(29%)
매콤닭강정	242g	1049	49.7(15%)	18.4	29.2(49%)	14.9(96%)	950.7(48%)
계란말이	150g	293	2.9(1%)	2.6	19.6(33%)	5.5(37%)	640.3(32%)
떡갈비바	80g	221	6.5(2%)	6.3	14.5(24%)	5.8(39%)	535.0(27%)
접시 제공용 밥	130g	108	64.0(20%)	0.0	2.0(3%)	0.1(0%)	0.0(0%)
공기밥	230g	299	176.6(54%)	0.0	5.5(9%)	0.1(1%)	8.1(0%)
비빔밥용 공기밥	260g	299	176.6(54%)	0.0	5.5(9%)	0.1(1%)	9.1(0%)
야채믹스	40g	112	50.8(15%)	1.3	4.0(7%)	0.0(0%)	21.8(1%)
배추된장국	120g	18	2.5(1%)	0.0	1.4(2%)	0.0(0%)	93.5(5%)
야채믹스+방울토마토	55g	114	51.2(16%)	1.8	4.2(7%)	0.0(0%)	22.7(1%)
치킨 샐러드	112g	367	29.3(9%)	2.2	13.1(22%)	1.2(8%)	915.0(46%)
후르츠 콘샐러드	40g	43	9.6(3%)	3.6	0.9(1%)	0.0(0%)	91.5(5%)
석박지	50g	59	12.1(4%)	0.0	2.9(5%)	0.0(0%)	1072.8(54%)
김치	50g	9	2.0(1%)	1.3	1.0(2%)	0.0(0%)	573.0(29%)
계절 과일콤보	262g	51	3.3(1%)	49.8	1.1(2%)	0.0(0%)	10.4(1%)
파인애플바	267g	61	0.0(0%)	31.0	1.1(2%)	0.0(0%)	13.4(1%)

※ 출처 : 식품의약품안전처

〈그림 5-2〉 외식업체의 영양성분 표시의 예

2. 미국의 영양표시제도

미국에서는 1990년부터 영양표시 및 영양교육법(the Nutrition Labeling and Education Act)이 시행되고 있고, 이 법이 시행된 이후 소비자가 가공식품의 영양정보를 활용하는 비율이 증가하였다. 현재는 소비자의 알권리를 충족시키고, 칼로리 카운트 환경을 확대시켜 미국 소비자들의 비만을 예방하기 위하여 20개 이상의 체인점을 운영하는 레스토랑이 주요 영양정보를 제공하도록 한 메뉴교육 및 표시법(the Menu Education and Labeling Act)을 제정하는 것을 추진하고 있다(권광일 외, 2010).

미국 연방정부는 외식업체 영양표시를 식품, 의약품 및 화장품법(Federal food, drug, and cosmetic act)의 code of federal regulation 21편 101, 10조에 근거하여 관리하고 있다. 본 조항에 따르면 , 영양소함량 표시, 건강강조 표시가 되어 있는 식품 또는 식사에 대한 영양표시 제공을 권장하며, 데이터베이스, 요리책, 분석 또는 다른 믿을만한 출처를 이용하여 결정된 영양소 함량을 다양한 형태로 표시하게 하고 있다. 이에 FDA는 2008년 4월에 레스토랑 및 외식업체들을 위한 영양표시 가이드(A labeling guide for restaurants and other retail establishments selling away-from home food)를 발간하여, 음식점에서 판매되는 식품 또는 식사의 영양표시와 관련된 질문과 FDA의 의견을 제시하였다. FDA는 외식업체별로 재료나 조리방법에 따라 영양성분이 다르다는 점을 감안하여 외식업체에게 모든 영양표시를 요구하지 않았을 뿐 아니라, 사업자의 자율성을 많이 보장해주고 있다. 또한 소비자에게 도움이 될 수 있는 모든 영양정보를 가급적 많이 제공할 것을 장려하고 있고, 영양표시는 제품 포장이나 소비자가 구매한 식품에 근거하여 제공하도록 하되, 소비자에게 정보전달할 때 이용되는 매체 및 형식도 제한자지 않고 있다.

미국에서는 카운티 혹은 주 단위로 음식점에 영양정보를 요구하는 활동들이 많이 진행 되어 왔다. 주요 내용을 살펴보면, 아널드 슈워재너거 캘리포니아 주지사는 2008년 9월 30일, 열량 의무 표시제 법안(Senate Bill No. 1420)에 서명함으로써, 캘리포니아는 외식에 영양표시를 의무화한 전국 최초의 주가

되었다. 이에 따르면 주내 20개 이상의 지점을 갖고 있는 식당 체인점들은 2009년 7월 1일부터 열량, 탄수화물, 지방, 나트륨 등 영양정보를 제공하여야 하며, 2011년 부터는 식당 내 모든 메뉴판에 각 음식의 열량 양을 표기해야 한다. 뉴욕시는 건강법(New York city health code: 81.50조)에 따라 2008년 4월부터 전국적으로 15개 이상의 매장을 가진 업체일 경우 해당 매장에서 표준화된 품목의 메뉴와 메뉴판에 열량을 가격 옆에 같은 크기로 표시하여야 한다. 킹카운티 보건국은 워싱턴 외식협회가 합의하여, 2008년 12월 31일부터 15개 이상 그리고 연매출액이 백만달러 이상의 매장에게 메뉴 중 90일 넘게 판매되는 식사에 대한 열량, 탄수화물, 포화지방, 나트륨 함량 정보를 의무적으로 표시하도록 하였다(Nutrition Labeling in Chain Restaurants 2008). 현재까지 법률이 통과된 미국 카운티와 주 정보의 외식업체 영양표시 내용과 표시 위치는 아래 <표 5-2>에 자세히 제시되어 있다.

〈표 5-2〉 미국 외식업체 영양표시의 내용과 위치

지역	표시내용	표시 위치
King County (Seattle), Washington	열량, 표화지방, 나트륨, 탄수화물	• 메뉴보드 : 열량 • 그 외 영양성분은 주문시점에 분명히 보이는 형식으로 제공되어야 함
New York City	열량	메뉴보드, 메뉴, food tags:열량
San Francisco City and County	열량, 포화지방, 탄수화물, 나트륨, 단백질, 섬유소, 콜레스테롤, 탄수화물	• 메뉴보드, food tags:열량 • 메뉴 : 열량, 포화지방, 탄수화물, 나트륨 • 포스터 : 열량, 총지방, 포화지방, 나트륨, 단백질, 식이섬유, 콜레스테롤, 탄수화물
Santa Clara County, CA	열량, 포화지방, 트랜스지방, 나트륨, 나트륨	• 메뉴보드, food tags:열량 • 메뉴 : 열량, 포화지방, 트랜스지방, 탄수화물, 나트륨 • 메뉴보드와 food tags를 사용하는 업소 : 열량 외 영양소가 주문시점에 제공되어야 함
Philadelphia	열량, 포화지방, 트랜스지방, 나트륨, 탄수화물	• 메뉴보드, food tags:열량 • 메뉴 : 열량, 포화지방, 트랜스지방, 탄수화물, 나트륨
California	열량, 탄수화물, 포화지방, 나트륨	• 메뉴보드, 메뉴, display tag : 열량 표시

※ 출처 : 전상민 외(2009)

미국은 지속적으로 외식업체 영양표시에 대한 연구를 수행하고 있다. FDA의 의뢰를 받아 진행된 Keystone포럼(2006)에서는 외식업체 영양표시는 원하는 소비자 누구든지 쉽게 찾을 수 있는 위치에 있어야 하지만, 외식업체 영양표시를 원하지 않는 소비자에게는 부담이 되어서는 안된다는 권고하고 있다. 또한, 소비자와의 쌍방향 커뮤니케이션이 중요하다고 제안하고 있는데, FDA의 외식업체 안내문에서도 외식업체의 영양표시는 직원의 설명을 포함하여 어떤 식으로든 합리적인 방법으로 제공되면 되고, 직원이 말한 정보가 사실임을 증명 할 수 있는 영양 정보가 문서로 존재하여야 한다고 규정하고 있다. 이와 함께 소비자 교육을 장기적이고 체계적으로 진행할 것을 권장하고, 소비자 집단 별 특성을 고려한 차별화된 소비자 교육과 정책 수립을 제안하였다. 또한, 소비자 행동과 태도 등에 대한 일관되고 지속적인 조사를 바탕으로 한 데이터 축적이 선행되어야 함을 강조하고 있다. 특히, 데이터 접근은 신속하게 이루어져야 하고, 시기적절하고 지속적으로 데이터가 업데이트 되어야 하며, 이를 외식업체가 쉽게 구매할 수 있고 일반 소비자들도 이용할 수 있도록 공개되어야 한다고 제안하고 있다. Keystone 보고서(2006)는 건강 메뉴 개발에 대한 외식업체의 부담이 오히려 외식업체에게 새로운 기회가 될 수 있다고 설명하고, 궁극적으로 외식업체의 생산자, 제조업자, 유통업자, 운영업자간의 시너지효과를 강조하였다. 소비자 교육 뿐 아니라, 외식업체 교육도 중요하게 고려되었는데, 요리사, 업체운영자, 관리자를 대상으로 한 건강 메뉴의 개발 교육이 이루어져야 하고 이에 대한 적극적인 정부 지원이 있어야 한다고 제안하고 있다. 구체적인 교육 내용으로는 저열량 메뉴 개발, 건강 메뉴이면서도 맛을 유지하는 방법이 제시되었다.

Lando와 Wolfe(2007)는 FDA에 제출한 보고서에서 포커스크룹인터뷰 결과를 바탕으로 1회 제공되는 제품 분량에 맞는 영양표시를 제안하고 있다. 특히 1/2사이즈의 메뉴의 경우, 전체 사이즈의 영양표시와는 별도로 1/2사이즈에 해당하는 영양표시를 할 것을 제안하였다. 이는 소비자가 전체 사이즈의 영양표시를 활용하여 계산하는 과정을 번거로워 하기 때문이다. 이와 관련하여 FDA(2008)의 외식업체 안내문에서는 영양표시는 소비자가 구매하는 한

끼 분량의 완성된 제품의 영양 내용물에 근거하여 제공되어야 한다고 규정하고 있다(전상민 외, 2009).

미국의 경우도 외식업체의 영양성분을 정확하게 측정할 수 있는 표준화된 시스템이 전혀 갖춰져 있지 못한 점이 문제점으로 지적되었다. 같은 메뉴 품목이라도 레서피는 메뉴개발자에 따라 매우 다르다. 예를 들어 파스타의 경우, 면의 종류만 해도 수십가지가 넘고 어떻게 소스를 배합하느냐에 따라 칼로리는 천차만별이다. 뿐만 아니라 가니쉬(Garnish)의 종류만도 너무나 다양해 정확한 칼로리를 산출하는 것만으로도 참으로 방대한 작업이 될 수 있다. 또한 식재료의 성분뿐만 아니라 찌고, 튀기고, 굽는 등 조리법에 따라 칼로리는 매우 상이하다. 보통 레스토랑에서는 1년에 1회 정도의 정기메뉴개편이 있고 분기마다 계절메뉴를 출시하는 등 활발하게 프로모션 메뉴를 개발하고 있는데, 메뉴 기획을 하고 개발할 때마다 영양표기를 위해 칼로리를 산출하는 것이 부담을 야기하기 때문이다. 또한 표준 레서피가 명확하게 작성되어 있다 할지라도 일부 프랜차이징 사업을 하고 있는 레스토랑의 경우, 레서피가 잘 지켜지지 않는 경우도 있다(김혜영, 2011).

3. 일본의 영양표시제도

일본의 토쿄는 전국의 자치 단체 중에서도 음식점의 수 및 종류가 많아 일본 요리뿐만 아니라 세계 각국의 맛을 즐길 수 있다. 또한 도시형의 생활 습관에 대응하고, 심야까지 혹은 24시간 영업을 하고 있는 음식점도 있다. 특히 동경도민의 외식 이용률은 전국에 비해 높고, 영양 편중 등으로 비만과 생활 습관병이 되는 사람이 증가가 우려되고 있어 외식의 영양성분 표시를 도입하였다(김혜영, 2011). 동경도는 2001년에 건강증진운동을 종합적으로 추진하기 위한 지침으로서 '동경도 건강 추진 플랜 21'을 마련하여 영양성분 표시를 실시하는 점포를 늘리는 것을 목표로 하고 있다.

2002년 7월에 도민의 건전한 식환경 정비를 위하여 외식산업 등 관계 단체,

소비자 단체, 지식인, 행정기관으로 구성된 '영양성분 표시 추진 협의회'가 발족되었고, 협의회는 음식점의 자주적인 영양성분 표시의 추진을 꾀하기 위하여 2003년 3월에 '동경도 외식 요리 영양성분 표시 가이드라인'을 책정해 협의회 참가 단체의 협력 하에 음식점 사업자에 가이드라인을 보급하고, 도쿄 외식 조리 영양 성분 표시 활용 사이트를 마련하였다. 한편 동경은 일본어와 영어로 '외식요리 영양성분표시 가이드북'을 개발하였는데, '열량 및 영양성분의 양'을 메뉴 등에 표시를 하거나 이용자의 요구에 응해 팜플렛 등을 통해 제시하도록 하였다. 외식요리라 함은 외식과 부식(도시락, 주먹밥. 삶은 음식 등의 시판되는 조리 완료 식품)을 통칭하며, 영양표시는 외식과 부식에 대하여 시행된다.

'외식요리 영양성분표시 가이드북(2005)'에서는 영양성분 표시를 '열량 및 영양성분의 양을 메뉴 등에 표시하거나 이용자의 요구에 응해 팜플렛 등을 통해 제시 가능한 것'으로 정의하였다. 외식요리라 함은 외식과 부식(도시락, 주먹밥, 삶은 음식 등의 시판되는 조리 완료 식품)을 통칭하며, 영양표시는 외식과 부식에 대하여 시행된다.

동경의 외식업체 영양성분 표시 지침은 <표 5-3>과 같다. 일본 식품표준성분표에 수록되어 있는 열량 및 영양성분을 표시하도록 하고 있으며, 그 중에서도 표시요구가 높은 영양성분인 열량, 나트륨, 지방등을 표시하도록 하고 있다. 일본 식품표준성분표에서 사용되는 단위를 영양표시에도 그대로 사용하며, 지방의 경우는 지방 에너지 비율(섭취 에너지 중 지방이 차지하는 비율)을 병기하는 것을 권고하고 있다. 영양가는 화학분석을 통해 산출해도 되지만 업체의 자율적인 영양표시를 권장하는 차원에서 원재료의 가식부의 양을 기초로 하여 1인분의 양에 대해 일본식품표준성분표에 의거하여 계산하는 방법을 소개하고 있다.

이들 영양성분 중, 열량은 Kcal로 표시하고 정수(1자리에서 반올림)로 표시하며, 단백질과 지방, 탄수화물은 g으로 표시하고 정수로 표기한다. 나트륨은 g으로 표시하고 소수점이하 첫째자리까지 표기하지만, 일본 식품 표준 성분표의 각 성분과 같은 표시의 자릿수를 사용해도 관계없다. 단, 메뉴에 사용된 각 재료에서 산출된 영양소 함량은 표시할 때의 자릿수보다 1단계 작은 자릿수로 반올림한다(동경도 복지보건 영양성분 표시 추진 위원회 2005).

〈표 5-3〉 동경도의 외식영양표시

外食營養成分表示
이용 빈도가 높은 메뉴에서, 가능하면 모든 메뉴에 표시를!
1. 영양 성분 표시의 정의 에너지와 영양 성분의 양을 메뉴 등에 표시 또는 이용자의 요구에 따라 팜플렛 등을 통해 제공할 수 있는 것을 명시한다.
2. 표시 대상 영양소 일본 식품 표준 성분표에 기재되어있는 에너지와 영양 그러나 명칭은 일반적으로 사용되는 별명을 이용해도 좋은 전시 요청이 많은 영양 성분, 예를 들어 에너지, 소금, 지방질 표시
3. 표시하는 데 사용하는 단위 일본 식품 표준 성분표에 사용되는 단위를 사용하는 지방은 지방 에너지 비율을 병기하는 것이 바람직
4. 영양가의 산정 방법 화학 분석 또는 원재료의 식품 허용 식품 분량을 바탕으로 1인분, 1인분의 양에 대해 일본 식품 표준 성분표에 의해 계산
5. 표시 방법 보기 쉬운 곳에 최대한 알기 쉽게 표시
6. 정확한 표시 표시를 하는 사람의 책임 정확하게 표시
외식 조리는 외식과 반찬(도시락, 김밥, 조림 등의 상용 조리 식품)를 포함

※ 출처 : 김혜영(2011)

고객이 영양성분 표시를 활용하기 위해서는, 영양성분량을 보기 쉬운 방법으로 표시해야 할 필요가 있으므로 일반적인 표시 방법을 제시하고 있다. 이를 구체적으로 살펴보면, 매장 안에서는 메뉴보드와 매장 앞에 진열된 제품 샘플, 포스터, 전단, 포장지 등을 통해 표시하는 방법을 제시하고 있다. 다음으로, 고객의 요청에 의해 제시할 경우에는 매장 내에 영양성분을 제시한다는 내용을 항상 표시해두고 팜플렛이나 전단을 준비할 것을 권장하고 있으며, 홈페이지에 게재함과 동시에 출력물을 매장 내에 준비하는 방법을 소개하고 있다.

일본은 외식업체 매장 내 영양성분 표시와 아울러 고객의 건강한 식이 선택에 도움이 되는 정보를 제공하는 것 또한 권장한다. 예를 들면, 1일의 섭취기준량을 제시하여 영양소 함량과 성별 · 연령병 1일에 섭취해야 하는 영양량(식사 섭취 기준)을 함께 표시함으로써, 소비자들이 영양성분 표시를 쉽게 활용할 수 있도록 한다. 또한 균형 잡힌 식사를 선택하는 기준으로서, 주식(밥, 빵, 면, 파스타 등), 주채(고기, 생선, 계란, 대두 제품 등), 부채(야채, 감자 등)을 고루 갖춘 요리의 조합 예를 제시한다. 또한 개인 스스로 영양량의 조절하는 방법으로 '국물을 마시지 않으면 나트륨을 줄일 수 있습니다.'와 같이 정보를 제공하는 문구를 표시하도록 하고 있다(동경도 복지보건 영양성분표시 추진위원회 2005)(전상민 외, 2009).

4. 영국의 신호등 표시제

영국정부는 섭취를 줄여야 하는 영양소가 많은 제품을 무조건 선택하지 않는 것보다 전체적인 식사의 균형을 고려하는 것이 더 중요하다고 교육·홍보함으로써 소비자의 건강한 선택을 위해 정부가 정책적으로 지원하고 있다. 영국 FSA(영국 식품기준청, Food Standards Agency)의 신호등표시는 주요 영양성분을 한번에 알 수 있게 별도로 앞면에 표시하도록 하는 제도로 자율적으로 실시하게 되어 있다. 건강한 식생활을 위해 지방(특히 포화지방), 나트륨과 첨가당을 낮추어야 하며, 이를 한 번에 알 수 있도록 식품 100g당 또는 portion 당 함량 수준을 신호등 색깔로 제품 앞면에 자율적으로 표시하게 되어 있다. 식품회사별로 각각 다른 디자인을 사용하고 있지만 이외 색깔의 명도나 채도, 글자 크기 등은 일관된 원칙을 적용하고 있다. <그림 5-3>에는 신호등표시의 예와 실제 적용한 사례가 제시되어 있다.

프랑스는 기업이 자율적으로 다양한 형태의 영양표시를 하도록 시도하고 있고, 유럽연합 또한 소비자의 알 권리를 충족시키고, 제품으로부터 소비자를 보호하고 공정한 무역거래를 위하여 영양표시제도를 시행하고 있다(권광일 외, 2010).

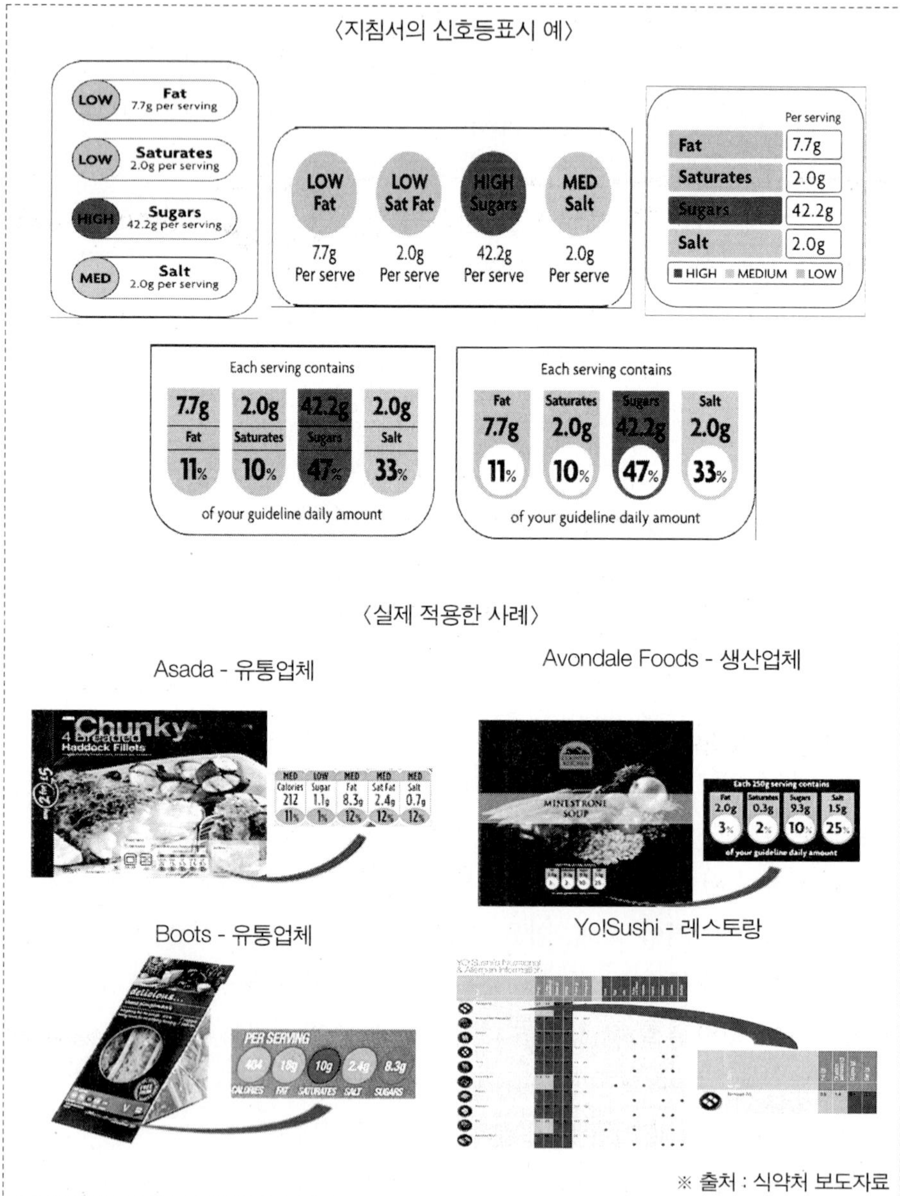

〈그림 5-3〉 영국 신호등표시의 예

5. 외식소비자의 영양표시 이용 실태

현대 소비자는 외식을 자주 한다. 핵가족화와 맞벌이가구의 증가 등으로 2005년의 외식빈도는 1998년의 외식 빈도에 비해 50%나 증가하는 모습을 보였다(국민영양조사 2005). 그런데, 평소 건강을 중시하여 건강에 도움이 되는 식품에 관심이 많은 소비자들도 실제로 외식을 할 때 영양표시를 찾아보는 경우가 많지 않다(장순옥 2000). 이는 현행법상 외식업체의 영양표시가 의무화가 아니어서 대다수의 외식업체가 영양표시를 제공하지 않고 있기 때문이다. 그리고 무엇보다 외식 소비자의 영양표시에 대한 관심이 높지 않다. 소비자가 외식메뉴를 결정할 대, 맛, 편리성, 매장 환경, 서비스, 가격, 가족들의 선호 등 다른 요소들을 많이 고려하기 때문에 영양 정보를 항상 고려하지 않는다는 점도 외식업체 영양표시에 대한 관심이 낮은 이유중 하나이다(Amy M. Lando, Judith Labiner Wolfe 2007; 배은영 외 2007; 강종헌 · 양소영 2004; 엄문자 · 류미현 2002). 즉, 맛이 있거나 가격이 싸거나 아이들이 좋아한다면, 영양학적으로 문제가 다소 있더라도 이를 심각하게 생각하지 않는 것이 우리나라 소비자의 현실이다.

배은영 외(2007)의 연구에 따르면, 10대 소비자의 19.6%만이 패스트푸드를 선택할 때 영양정보를 이용한 경험이 있었다. 패스트푸드와 건강과의 관계에서 '비만해질 수 있다(95%)', '지방이 많다(94.8%)', '열량이 높다(87.9%)', 로 일반 상식 수준의 정답률은 높으나, '비타민이 부족하다(65.5%)', '섬유소가 부족하다(51.7%)', '콜라보다 우유와 함께 먹는 것이 좋다(43%)' 등 영양소에 관한 지식은 낮았다.

주부 소비자를 대상으로 한 장순옥(2000)의 연구에서도 영양지식이 본인과 가족의 건강을 위해 중요하다고는 인식하고 있었으나, 이용 가능성은 미흡하다고 하였고, 기능성 성분과 필수 영양성분의 구별을 잘 하지 못하였다. 또한, 고학력, 여자, 40~50대의 소비자가 외식업체 영양표시를 가장 잘 활용하는 것으로 나타났으나, 실질적으로 이들의 영양성분의 수량적 지식은 부족하였다.

주나미 외(2006)에 따르면, 외식 소비자는 영양표시제도 시행으로 인해 타 제품과의 비교와 제품 품질향상, 영양지식 향상이라는 측면에서 긍정적으로 평가하였으나, 건강에 좋은 제품을 선택하는데에는 큰 도움이 되지 않는다고 응답하였다. 또한, 외식업체 영양표시로 인한 가격 상승에는 55.2%가 찬성한 것으로 나타났다. 구체적인 영양성분에 대해서는 열량, 칼슘, 콜레스테롤, 철분, 단백질, 지방, 비타민 순으로 질병 예방 효과를 위한 영양소 표시를 선호하는 것으로 나타났고, 포화지방산, 섬유소, 나트륨에 대한 선호도는 상대적으로 낮게 나타났다(장순옥 2000).

유진아와 정희선(2011)의 연구에 의하면 많은 직장인이 영양정보 표기의 필요성에 동의하고 있었고, 특히 영양정보 표기를 고객의 당연한 알 권리로 대부분 생각하고 있었다. 건강관심도에 따라서는 음식점 영양정보 표시의 활용 정도와 신뢰도, 필요성 등에 대한 인식에 모두 유의적인 차이를 보였으며, 건강관심도가 높을수록 높게 나타났다. 외식업체 영양정보 표기 시 메뉴 관련 정보에 대한 관심도는 화학조미료 등 첨가물에 대한 관심도가 가장 높았고, 다음으로 원산지, 조리재료, 주재료의 효능과 효과, 칼로리, 음식 조리 방법, 영양성분 함량의 순으로 높은 관심도를 보였다. 외식업체 영양정보 표기 시 영양성분에 대한 관심도는 지방과 콜레스테롤에 대한 관심도가 특히 높았고, 다음으로 칼로리, 나트륨, 비타민, 단백질, 탄수화물, 식이섬유, 칼슘, 철분의 순으로 높은 관심도를 보였다. 외식업체 영양정보 표기의 적절한 위치에 대해서는 메뉴판에 표기하는 것이 적절하다는 응답자가 71.6%로 가장 많았다. 외부 고지물의 표기 적절성에 대한 인식에서 건강관심도에 따라 유의적인 차이를 보였는데, 건강에 관심이 높은 고관심형의 경우 외부 고지물에 영양정보를 표기를 표기하는 것이 적절하다고 응답한 사람이 50%이상으로 많았다. 메뉴판과 외부 고지물에는 칼로리+영양성분+영양 관련 정보를 모두 표기하는 것이 적절하며, 벽면 메뉴 보드나 냅킨 통, 그리고 테이블 매트에는 칼로리+영양성분 정도만 표기하는 것이 적절하다고 응답하였다.

외식업체의 영양표시에 대한 소비자의 이용현황과 욕구를 분석한 전상민 등(2009)의 조사결과를 살펴보면 다음과 같다. <표 5-4>에 의하면 영양이 풍부해서 외식을 한다는 소비자는 0.2%에 불과하였다. <표 5-5>에 의하면 12.3%가 건강에 도움이 되거나 영양이 풍부한 메뉴를 고른다고 하였고, 4.3%만이 외식메뉴를 결정할 때 영양표시 혹은 제공되는 영양 정보를 읽는다고 하였다. 소비자들은 외식에 관한 의사결정을 할 때 영양은 거의 고려하지 않는다고 볼 수 있다. 그러나 현실적으로 여러 가지 요인들로 인하여 외식빈도가 크게 증가하고 있다는 점에서 외식업체의 영양표시를 강화하고 영양표시가 소비자들의 중요한 선택기준이 되어야 한다.

〈표 5-4〉 외식 동기

구 분 (주요 2가지 동기, 복수 응답)	빈 도 (%)
가족과 친구들이 원해서(좋아해서)	560(26.8)
맛있어서(좋아하는 메뉴가 있어서)	425(20.4)
집에서 먹기가 지겨워서	321(15.4)
바쁘고 시간이 없어서	282(13.5)
외식을 할 수 밖에 없어서	279(13.4)
고급스러운 서비스로 인해 대접 받는다는 기분이 좋아서	61(2.9)
가격이 적당해서(알맞아서)	54(2.6)
매장 환경/분위기가 좋아서	45(2.2)
가격이 저렴해서	23(1.1)
영양이 풍부해서	5(0.2)
기타	33(1.6)
계	2088(100.0)

※ 출처 : 전상민 외(2009)

〈표 5-5〉 외식 메뉴 결정시 요인별 중요도

구 분 (복수 응답)	빈 도 (%)
함께 간 사람(가족, 친구)의 선택에 따름	707(26.0)
특별히 좋아하는 메뉴가 있어서 항상 그것만 먹음	640(23.6)
신제품이나 추천 메뉴 중에서 고름	366(13.5)
세트 메뉴 중 하나를 고름	352(13.0)
건강에 도움이 되거나 영양이 풍부한 메뉴를 고름	333(12.3)
매번 새로운 메뉴에 도전함	183(6.7)
영양표시 혹은 제공되는 영양 정보를 읽고 고름	118(4.3)
기타	18(0.7)
계	2717(100.0)

※ 출처 : 전상민 외(2009)

〈표 5-6〉 외식업체 영양표시의 이해도

항 목	구 분	빈 도 (%)	평균(5점 만점)	최빈값	표준편차
이해도	매우 쉽게 이해하였음	85(11.9)	3.55	대체로 이해한 편	1.06
	대체로 이해한 편임	434(60.9)			
	이해하기 쉽지 않음	179(25.1)			
	전혀 이해할 수 없음	15(2.1)			
계	713(100.0)				

※ 출처 : 전상민 외(2009)

<표 5-6>에 제시되어 있는 것처럼 2009년 현재 영양표시에 대한 이해도를 5점 만점을 기준으로 조사한 결과, 평균 3.55로 대체로 이해하는 수준인 것으로 나타났다. 11.9%가 매우 쉽게 이해한다고 하였고, 60.9%는 대체로 이해한다고 하였다. 그러나 이해하기 쉽지 않았다는 응답자도 25.1%로 나타나 영양표시에 대한 소비자의 이해를 높일 수 있는 방안을 마련해야 할 것이라는 지적이 있을 수 있다.

〈표 5-7〉 외식업체 영양표시의 활용도

항 목	구 분	빈 도 (%)	평균(5점 만점)	최빈값	표준편차
활용도	매우 많이 활용함	36(5.0)	2.82	별로 참고하지 않음	1.16
	대체로 활용한 편임	365(37.2)			
	별로 참고하지 않음	360(50.5)			
	전혀 참고하지 않음	52(7.3)			
계	713(100.0)				

※ 출처 : 전상민 외(2009)

<표 5-7>을 보면, 현재 영양표시에 대한 활용도는 이해도보다 높지 않았다. 5.0%만이 매우 많이 활용한다고 하였고, 47.2%는 대체로 활용한다고 하였는데 비하여 50.5%는 별로 참고하지 않는다고 하였고, 전혀 참고하지 않는 소비자도 7.3%나 되었다. 외식 소비자는 영양표시를 대체로 이해하지만, 메뉴를 결정하는데 있어 별로 참고하지 않는다고 해석할 수 있다.

〈표 5-8〉 외식업체 영양표시 이해도 및 활용도의 집단별 차이 분석

항목	구분	이해도			활용도(5점 만점)		
		평균	F(t)	D	평균	F(t)	D
연령대	10대	3.63	1.48		2.88	4.42^{**}	a
	20대	3.62			2.68		b
	30대	3.47			2.70		b
	40대이상	3.45			3.09		a
성별	남	3.46	$(-2.45)^{*}$		2.73	$(-2.11)^{*}$	
	여	3.65			2.91		
결혼 여부	기혼	3.46	(1.95)		2.96	$(-2.42)^{*}$	
	미혼	3.61			2.74		
자녀 여부	있음	3.41	$(-2.66)^{**}$		2.95	$(2.11)^{*}$	
	없음	3.63			2.75		
건강 관심도	상	3.77	9.32^{***}	a	3.26	34.98^{***}	a
	중	3.48		a	2.66		b
	하	3.09		b	1.90		c

*P 〈 .05, **p 〈 .01 ***p 〈 .001

(D : 사후검정으로 Duncan 수치임. 서로 다른 문자 간에는 집단간 유의한 차이가 있음)

※ 출처 : 전상민 외(2009)

<표 5-8>에서 응답자의 인구통계학적 변수와 건강 관심도에 따라 외식업체 영양표시 이해도와 활용도가 차이가 나는지를 살펴보았다. 연령대별로는 20대와 30대의 활용도가 상대적으로 낮았고, 이해도의 차이는 유의하지 않았다. 외식을 자주 하는 연령대의 활용도가 특히 낮게 나타났다. 성별로는 여성이 더 잘 이해하고 활용하고 있었다. 여성들이 남성들에 비하여 다이어트와 비만에 더 관심이 많기 때문에 여성의 영양정보에 대한 이해도와 활용도가 더 높다고 해석할 수 있다. 기혼자와 유자녀자의 활용도가 높았는데, 이해도는 무자녀자의 경우 더 높았다. 결혼 여부에 따른 이해도 차이는 유의하지 않았다. 건강 관심도별로 살펴보면, 건강에 대한 관심이 높을수록 영양표시의 이해도와 활용도가 높게 나타났다(전상민외, 2009).

〈표 5-9〉 외식 유형별 영양표시 인식 여부

구 분(N=1044, 복수응답)	빈도	비율 (%)	
		상대치	절대치
패스트푸드	652	45.9	62.5
피자	151	10.6	14.5
패밀리레스토랑	147	10.4	14.1
분식	21	1.5	2.0
고기집	39	2.7	3.7
한식	43	3.0	4.1
중식	13	0.9	1.2
일식	22	1.6	2.1
어느 곳에서도 본 적이 없음	331	23.3	31.7
계	1419	100.0	135.9

※ 출처 : 전상민 외(2009)

<표 5-9>에 의하면 현재 외식 유형별로 제공되고 있는 영양표시에 대해 응답자들은 패스트푸드, 피자, 패밀리레스토랑을 제외한 다른 곳에서는 영양표시 자체를 인식하지 못하는 것으로 나타났다. 어느 곳에서도 영양표시를 본 적이 없다고 응답한 경우가 331명으로 전체 1044명의 31.7%로 나타나 외식업체의 영양표시가 문제점이 많다는 사실을 알 수 있다. 구체적으로 살펴보면, 패스트푸드에서 영양표시를 보았다는 응답자가 가장 많았고, 피자와 패밀리레스토랑은 비슷한 수준이었다. 패스트푸드 이용 고객을 대상으로 진행한 포커스그룹인터뷰 결과에서도, 대부분의 응답자들이 패스트푸트 매장에서 영양표시를 보았다고 응답하였으나, 방문할 때마다 본 것은 아니었다. 응답자들은 점포별, 시즌별로 표시의 유무가 달랐다고 기억하고 있었고, 영양표시를 인식만 하고 있었을 뿐, 구체적인 내용에 대해서는 자세히 기억하지 못하였다. 그 이유로는 여러 가지를 고려할 수 있겠으나, 대체로 소비자들은 패스트푸드가 건강에 좋지 않다는 사실을 알고 있기 때문에 패스트푸드를 선택할 때 영양을 심각하게 고려할 필요가 없다고 생각하기 때문이다.

〈표 5-10〉 외식업체 영양표시 인식 경로

구 분(N=713, 복수응답)	빈도	비율 (%)	
		상대치	절대치
메장 내(메뉴판 등)	568	46.2	79.7
인터넷	223	18.1	31.3
광고 (TV, 신문 등)	191	15.5	26.8
신문 및 잡지 기사	144	11.7	20.2
주위 사람	62	5.0	8.7
학교 교육	31	2.5	4.3
기타	11	0.9	1.5
계	1230	100.0	172.5

※ 출처 : 전상민 외(2009)

<표 5-10>에서 외식업체에서 영양표시를 본 경험이 있는 응답자들을 대상으로 하여 영양표시를 어디에서 보았는지를 물어본 결과 79.7%가 매장 내에서 메뉴판을 통해 영양표시를 보았다고 응답함으로써 가장 많았다. 그 다음으로 31.3%를 차지한 인터넷, 26.8%를 차지한 광고, 20.2%를 차지한 기사 순으로 나타났다. 따라서 외식 소비자들은 평상시보다 메뉴를 결정하는 시점에 영양표시를 가장 많이 인식한다고 분석할 수 있다.

6. 어린이 기호식품 품질인증기준과 어린이 건강친화기업 지정기준

식품의약품안전처는 어린이 식생활안전관리 특별법에 따라 어린이 기호식품 품질인증기준과 어린이 건강친화기업 지정기준을 고시하여 2009년 5월 8일부터 시행하고 있다. 이 시책에 따라 소비자는 어린이의 비만을 예방할 수 있고 영양을 고루 갖춘 어린이 기호식품을 쉽게 구별할 수 있게 되었다. 어린이 기호식품 품질인증기준은 안전하고 영양을 고루 갖춘 어린이 기호식품의 생산과 판매를 권장하기 위하여 마련한 기준으로서, 안전, 영양, 식품첨가물 사용등을 평가하여 인증하게 되고, 품질인증을 받은 식품에는 인증마크가 표시되어 소비자가 쉽게 구별할 수 있다. <그림 5-4>에는 어린이 기호식품 품질인증 도안이 제시되어 있다.

〈그림 5-4〉 어린이 기호식품 품질인증 도안

어린이 건강친화기업 지정기준은 식품영업자의 어린이식생활 개선 활동을 독려하기 위하여 도입하는 기준으로서, 안전 · 품질관리 실적, 식품사고 예방 시스템 구축 등의 항목을 평가하게 된다. 고열량 · 저영양 식품 영양성분 기준은 열량이 높고 영양가가 낮은 식품으로서 어린이 비만 및 영양불균형을 초래할 우려가 있는 어린이 기호식품의 영양성분 기준을 정한 것으로 열량, 포화지방, 당류, 나트륨 및 단백질 등의 영양성분 함량에 따라 고열량 · 저영양 식품으로 분류되며 이들 식품은 어린이 식품안전보호구역 내 학교매점 및 우수판매업소에서 판매를 금지하고 있다. 또한, 제품에 표시된 열량, 포화지방, 당, 나트륨, 단백질 수치만 입력하면 자동으로 고열량 · 저영양 식품 여부를 판단해주는 판별 프로그램을 식약처 홈페이지에서 운영하고 있다.

어린이 식생활안전지수 조사항목 및 방법 등의 기준은 우리나라 어린이의 식생활 안전 및 영양 수준을 객관적으로 평가하기 위한 기준으로서 어린이 식생활 안전 분야, 영양 분야, 국민 인지 · 실천 분야로 구분된다. 식약처는 고열량 · 저영양 식품 영양성분 기준을 산업체 등의 준비기간을 고려하여 2009년말까지 계도하고 2010년 1월부터 시행하고 있다. 계도기간 동안 실질적인 제품개선을 유도하기 위해 과자, 라면, 탄산음료 등 식품 유형별로 업체 간담회 및 설명회를 지속적으로 추진하였고, 업계에서도 당, 나트륨, 포화지방 등 성분배합비를 재조정하는 등의 노력을 기울이고 있다.

제 6 장

영양교육

나트륨을 적게 먹기 위해서는 나트륨의 과잉섭취가 우리 몸에 미치는 해로운 영향을 이해하고, 생활속에서 실천할 수 있도록 영양교육이 이루어져야 한다. 이 장에서는 우리나라에서 현재 개발되어 진행되고 있는 다양한 나트륨 줄이기와 관련된 영양교육 프로그램을 안내하였다.

1. 고열량 · 저영양식품 판별 프로그램

식품의약품안전처는 학교매점 등에서 다양한 제품을 취급하는 판매자가 수백 건의 제품에 대한 고열량 · 저영양 식품여부를 한번에 판별할 수 있는 동시 다품목 판별프로그램을 개발하여 보급하였다. 이 프로그램은 학교매점과 어린이식품안전보호구역 내 우수판매업소에서 고열량 · 저영양식품의 판매가 금지됨에 따라 학교매점 등의 판매자들이 고열량 · 저영양 식품을 손쉽게 구별할 수 있도록 개발된 것이다. 고열량 · 저영양식품은 열량이 높고 영양가가 낮은 식품으로서 어린이 비만 및 영양 불균형을 초래할 우려가 있는 식품을 의미한다.

고열량 · 저영양 식품 판별을 위해서는 ① 지정된 엑셀 서식을 다운받아 ② 간식용/식사대용 및 제품 유형을 선택하고 ③ 제품의 1회제공량을 입력한 후

④ 열량, 당, 단백질, 포화지방, 나트륨 등의 영양성분 표시정보를 입력하면 된다. 식약처는 어린이 기호식품 생산 · 수입 업체 및 학교매점, 우수 판매업소 등 판매자들이 고열량 · 저영양식품 판별 프로그램을 활용하여 학교매점 등 매장에서 고열량 · 저영양 식품이 판매되지 않도록 관리하여 줄 것을 당부하였다. 프로그램은 식약처 홈페이지 팝업존으로 들어가서 활용할 수 있으며, 판별결과는 다운로드 받을 수 있다. <그림 6-1>은 식약처 홈페이지에 있는 고열량 · 저영양식품 판별 프로그램의 시작 페이지이다. 산업체용 동시다품목과 소비자용 단일품목으로 나뉘어진다.

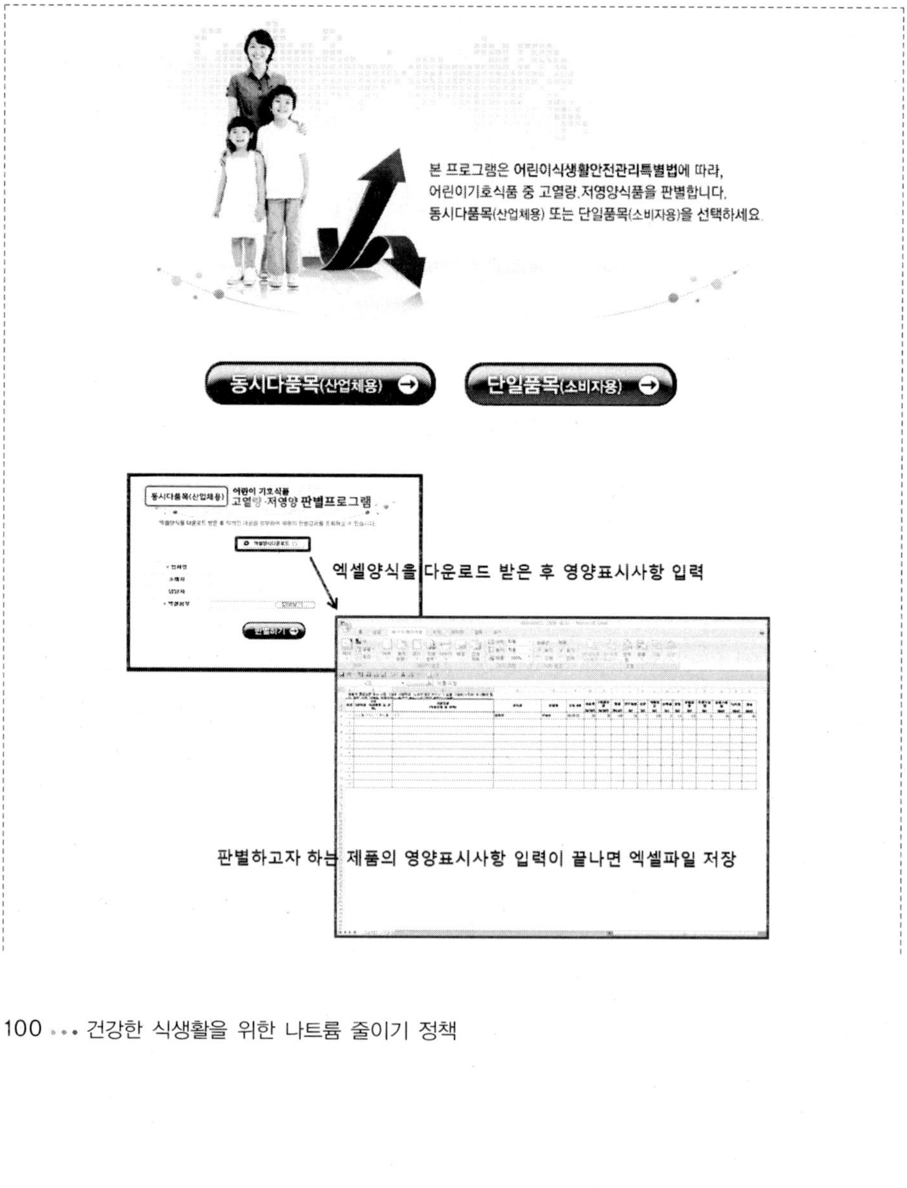

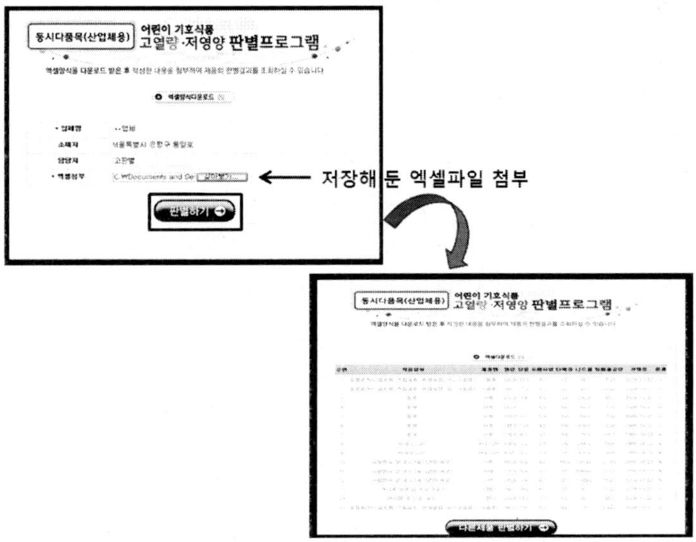

※ 출처 : 식품의약품안전처

〈그림 6-1〉 고열량·저영양 식품 판별 프로그램

2. 나트륨을 줄인 건강메뉴 123종 개발

식품의약품안전처는 어린이들이 일상 식생활에서 과다섭취하기 쉬운 나트륨의 섭취를 줄일 수 있도록, 쉽고 간편하게 활용할 수 있는 『나트륨을 줄인 건강메뉴 123종』을 개발하고, 국민에게 널리 제공하였다. 나트륨 섭취를 줄이려면 어릴 적부터 싱겁게 먹는 식습관이 필요하나 간이 약한 음식은 대체로 맛이 떨어져 현실적으로 나트륨의 섭취를 줄이기 어려운 경우가 많기 때문이다. 이에 식약처는 용역연구사업 결과와 소비자 및 학교급식 실무자 의견을 토대로 저나트륨 소스 및 짠맛을 대체 할 수 있는 식품들을 이용하여 음식의 맛은 유지하는 나트륨을 줄인 건강메뉴 123종을 개발하였다. 메뉴는 주재료 특성에 따라 곡류 22종, 채소 및 버섯류 26종, 두류, 우유 및 유제품 18종, 육류 21종, 생선 및 어패류 21종, 과일류 10종으로 분류하였다. <표 6-1>에는 나트륨을 줄인 건강메뉴 리스트가 제시되어 있다.

〈표 6-1〉 나트륨을 줄인 건강메뉴 리스트

1. 곡류		2. 채소 및 버섯류	
1	고구마 타락죽	1	모듬탕수
2	궁중 떡볶음	2	새싹 비빔밥
3	두부 채소 볶음밥	3	양상추와 닭고기 요리
4	라비올리 크림소스	4	가지볶음
5	라비올리 토마토소스	5	감자냉채
6	미역 조랭이 떡국	6	고추잡채
7	버섯 리조또	7	나박김치
8	서리태 잣국수	8	냉잡채
9	쌀국수 볶음면	9	단호박 두부찜
10	쌈밥	10	단호박전
11	영양밥	11	도라지 검은깨 튀김
12	팥죽	12	발사믹으로 양념한 채소 요리
13	호박만두	13	버섯 굴소스 볶음
14	감자 팬케익	14	비트와 호두 요리
15	단호박 두부 포타주	15	상추겉절이
16	양송이버섯과 치즈를 곁들인 폴렌타	16	수삼 냉채
17	쇠고기와 검은콩 요리	17	아시아식 채소 두부 볶음
18	채소 커리를 곁들인 팬케익	18	양배추 깻잎 피클
19	양송이버섯, 달걀 크레페	19	얼갈이 무침
20	채소 팬케익	20	오이선
21	누룽지 과자	21	오이 초절임
22	단호박 경단	22	잡채
		23	참기름 드레싱의 즉석 샐러드
		24	고추 장떡
		25	호박 프리타타
		26	고구마 빠스

3. 두류, 우유 및 유제품		4. 육류	
1	검은콩 스프	1	닭고기 롤
2	곤약 콩조림	2	닭고기 바비큐
3	도토리묵 콩국	3	닭고기 양배추 쌈
4	된장국	4	닭고기 편육
5	두부 달걀전	5	돼지고기 찹쌀부침
6	두부선과 간장소스	6	등심 배구이
7	두부 튀김 조림	7	로스트 비프
8	마파두부	8	버섯소스를 곁들인 돼지 등심 스테이크
9	삼색 콩튀김	9	사태떡찜
10	청국장 시래기전	10	쇠고기 감자찜
11	카레소스의 두부 스테이크	11	쇠고기 스튜
12	카프라제	12	양송이버섯과 포도주스를 가미한 등심구이
13	크램블레	13	요거트 파슬리소스를 곁들인 닭고기구이
14	녹차 파나코타	14	케이준 스타일 닭고기 요리
15	두부 다시마말이	15	파마산치즈를 가미한 커틀렛
16	블루베리 치즈케익	16	헝가리안 폭찹

3. 두류, 우유 및 유제품		4. 육류	
17	티라미수	17	구운 닭고기를 곁들인 두부 샐러드
18	프로피테롤	18	구운 닭고기 샐러드와 과일 드레싱
		19	닭고기 샐러드
		20	돼지고기 수육 부추부침
		21	소고기 채소볶음

5. 생선 및 어패류		6. 과일류	
1	낙지볶음면	1	아보카도 두부 샐러드
2	대하찜	2	과일 바바루아
3	지중해소스를 곁들인 도미스테이크	3	과일 젤리
4	해산물 샤브샤브	4	미니타르트
5	고등어구이	5	바닐라크림을 채운 체리, 산딸기 페이스트리
6	골뱅이무침	6	복숭아샤벳
7	굴 두부 국	7	사과 타르트타틴
8	금태찜	8	애플 스트루델
9	김자반	9	과일 주스 조림
10	꽁치 양념구이	10	피스타치오 생크림과 산딸기 컵케이크
11	꽃게강정		
12	낙지강회		
13	낙지 잣소스 냉채		
14	두부 해산물 꼬치구이		
15	마 두부 오징어전		
16	멸치 찹쌀양념 튀김		
17	미역 물오징어 연두부 초회		
18	부추조갯살 콩비지조림		
19	북어국		
20	연어냉채		
21	오징어말이 케첩조림		
22	오징어보쌈과 된장드레싱		
23	칠리새우		
24	해산물볶음		
25	허브 마리네이드 참치 샐러드		
26	황태강정		

저나트륨 메뉴는 도서와 동영상으로 제작되어 공공도서관, 보건소 등 유관기관에 배포하였고, 식약처 웹사이트(영양표시정보(http://nutrition.mfds.go.kr)를 통해서 찾아볼 수 있다. 도서에는 나트륨을 줄인 123종의 메뉴가 수록되어 있고, 메뉴별 완성사진, 조리과정 사진, 재료사진 및 메뉴의 특성, 레시피, 영양성분 함량에 대한 내용, 개발메뉴를 활용한 한상차림, 나트륨을 줄인 소스류를 함께 수록하였다. <그림 6-2>에는 『어린이 바른 식습관을 위한 나트륨을 줄인 건강메뉴 123』 도서의 표지가 제시되어 있다.

〈그림 6-2〉『어린이 바른 식습관을 위한 나트륨을 줄인 건강메뉴 123』의 표지

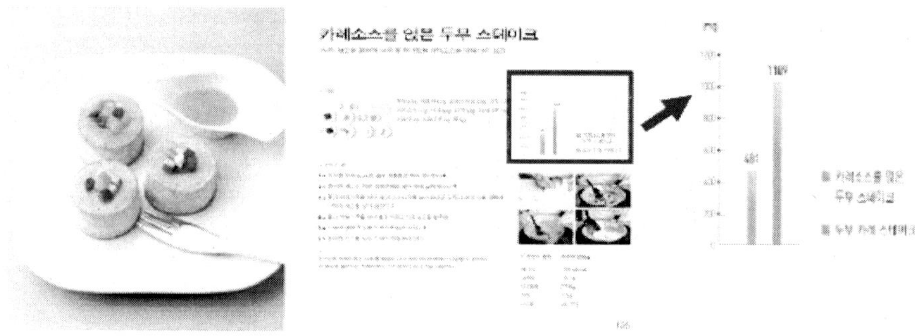

〈그림 6-3〉 기존 유사메뉴 외의 나트륨 함량 비교 제시

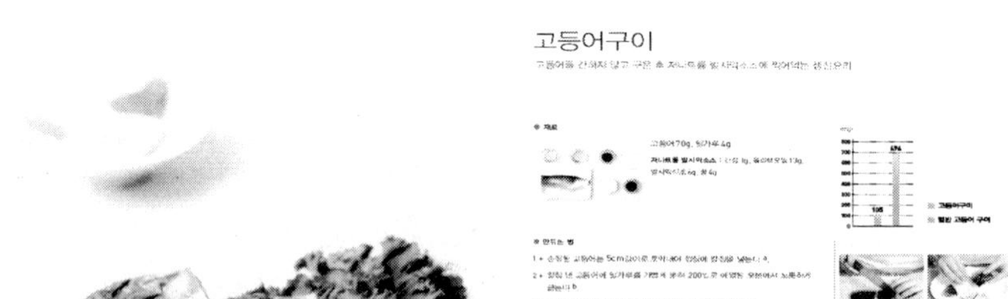

〈그림 6-4〉 나트륨을 줄인 고등어구이

〈그림 6-5〉 나트륨을 줄인 잡채

〈그림 6-6〉 나트륨을 줄인 건강메뉴를 이용한 한상차림

<그림 6-3>에 있는 것처럼 메뉴마다 에너지, 단백질, 탄수화물, 지방, 나트륨의 함량을 제시하였으며, 나트륨 함량은 기존 유사메뉴의 나트륨함량과 비교할 수 있도록 막대그래프로 나타냈다. 건강메뉴에 소개된 예를 보자. <그림 6-4>에서 보면 고등어를 간하지 않고 구운 후 저나트륨·소스를 활용한 나트륨을 줄인 고등어구이 1인분의 나트륨함량이 105mg으로 일반적으로 흔히 즐겨먹는 고등어구이 1인분의 나트륨함량인 696mg의 약 1/7수준이다.

<그림 6-5>에서 보면 삶은 고기와 채소 채썬 것을 볶은 후 저나트륨 간장소스로 버무린 나트륨을 줄인 잡채 1인분의 나트륨 함량은 255mg으로 기존 잡채 1인분의 나트륨 함량 800mg의 1/3수준이다. <그림 6-6>에는 나트륨을 줄인 건강메뉴를 이용한 한상차림이 제시되어 있고, <그림 6-7>에는 저나트륨 소스가 제시되어 있다.

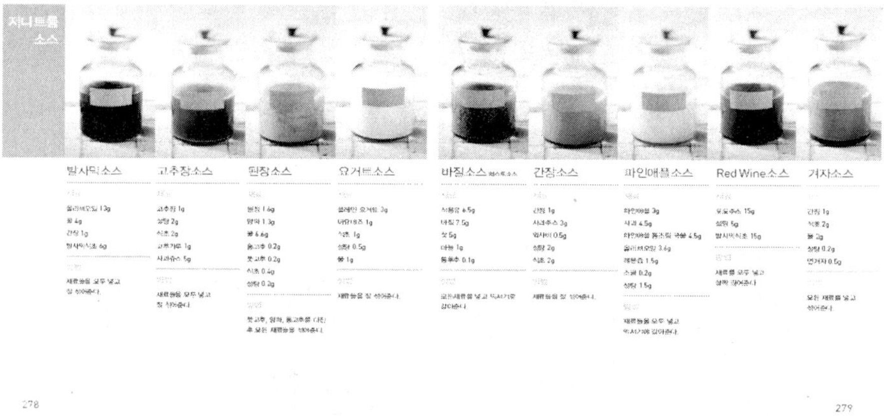

〈그림 6-7〉 저나트륨 소스

〈그림 6-8〉 웹 사이트 메인 화면

〈그림 6-9〉 나트륨을 줄인 건강메뉴 소개 화면

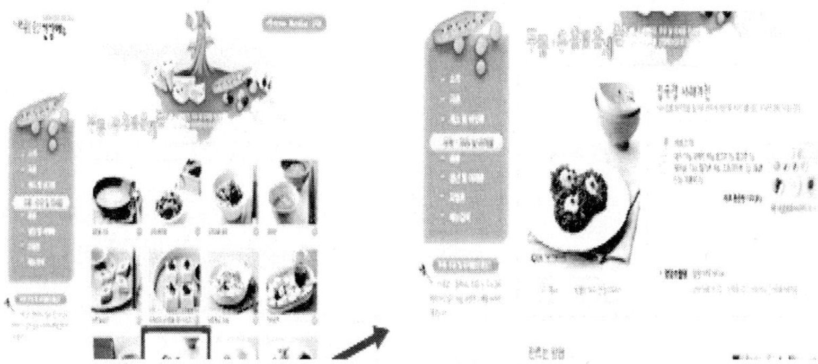

〈그림 6-10〉 나트륨을 줄인 건강메뉴 검색화면

식품의약품안전처 홈페이지(http://nutrition.mfds.go.kr)에는 어린이 먹거리 안전 2010 어린이 건강메뉴 나트륨을 줄인 건강메뉴가 올라있다. <그림 6-8>은 웹사이트 메인화면이고, <그림 6-9>는 나트륨을 줄인 건강메뉴 소개 화면이고, <그림 6-10>은 나트륨을 줄인 건강메뉴 소개 화면이다.

3. 초등학생용 교재 개발

조명기 · 이경혜 · 이경애 · 이성숙 · 김유경 · 허은실 등은(2009) 초등학교 어린이들에게 나트륨에 관한 이해를 높이고 섭취량을 줄이기 위하여 3개의 대영역(나트륨의 특성, 나트륨과 식품, 나트륨과 우리 생활)을 두고, 대영역 1개에 2개의 소영역으로 나누어 총 6개 소 영역으로 구성하였으며 이를 6차시에 걸쳐 학습할 수 있도록 구성하였다. 어린이의 이해를 높이기 위하여 나트륨 캐릭터를 개발하여 다양한 삽화, 사진, 만화로 각 단원별 주제를 전달하도록 구성하였다. 각 단원별 관련되는 내용을 '읽어보기'를 통해 보충하였고, 아동의 관심과 흥미를 지속시키고 능동적인 학습을 유도하기 위하여 '만화 읽기, 관찰하기, 편지쓰기, 노래 부르기, 나트륨 신호등 익히기, 식품 선택하기, 비교하기, 스티커 붙이기, 길 찾기 게임, 역할극하기, 카드게임하기, 식습관 점검하기, 이야기하기, 노래하기, 마인드맵 구성'등의 다양한 '해보기'활동을 인지발달을 고려하여 저학년과 고학년의 수준에 따라 사용하면서 교육내용을 구성하였다.

교육자용 지도서도 저학년용과 고학년용으로 나누어 개발하였으며 학년별 단원 편성 체제는 크게 총론 부분, 차시별 지도의 실제로 구성된 각론 부분, 그리고 부록으로 나누어 구성하였다. 총론 부분에는 초등학교에서 나트륨 영양교육의 필요성, 나트륨 교육의 목표, 나트륨 교육의 개관, 나트륨 교육의 내용 및 지도계획으로 구성하였으며, 지도의 실제 부분에서는 각 단원을 총 6차시로 구성하여 각 단원별로 2쪽 분량으로 구성된 학습목표와 도입, 전개, 정리 및 적용으로 이루어진 교수학습과정으로 구성하였다. 부록에서는 교사의 지도를 돕기 위해 구체적인 교육 콘텐츠 제공, 참고문헌 및 사이트, 나트륨 섭취 및 행동과 관련한 설문 조사지를 제공하였다.

4. 당·나트륨, 지방 섭취 저감화를 위한 영양교육 웹사이트 구축

김형우, 이경애, 조은진, 채종찬, 김유경, 이성숙, 이경혜 등은(2010) 당·나트륨, 지방 섭취 저감화를 위한 교육 콘텐츠를 바탕으로 영양교육 웹사이트를 구축하고 e-learning 시스템을 개발·탑재하여 오프라인뿐 아니라 온라인으로도 어린이들이 당·나트륨, 지방을 학습 할 수 있게 함으로써 학습의 효과를 높여 어린이들의 이들 영양소에 대한 섭취 저감화에 기여하고자 수행되었다.

본 웹사이트(http://nutrition.mfds.go.kr/nutrition/hesalkids/)는 당, 나트륨, 지방의 섭취 저감화를 대주제로하고 어린이, 학부모, 교사를 주 접속대상자로 하여 개발되었다. 본 웹사이트는 실질적인 영양교육 사이트가 되도록 하기 위해 어린이 페이지에는 '공부 해봐요'라는 메뉴를 두어 위 3주제를 어린이들이 자기주도적으로 학습할 수 있는 e-learning 시스템을 탑재하였고 학부모 페이지에는 '자녀의 식생활지도'를, 교사페이지에는 위의 주제를 지도하는데 도움을 줄 수 있는 멀티미디어 교수용 소프트웨어, 교재 및 지도서, 학습지 및 학습지지도안을 탑재하였다. 본 웹사이트에서는 당, 나트륨, 지방 각각의 캐릭터를 개발·활용하여 통일성과 접속대상자들의 흥미를 끌도록 하였으며 각 접속대상자들이 위 3개 영양소의 섭취 저감화를 위해 노력한 사례들을 서로 공유할 수 있도록 각 접속대상자별 상호교류 공간(영양카페)을 별도로 마련하였다.

본 연구에서 개발한 e-learming 시스템은 당, 나트륨, 지방에대한 학습내용이 저학년, 고학년으로 구분되고 각 영양소 주제는 각각 3단계로 구성되어 학습자들이 자신의 학습 수준과 학습 진도에 다라 자기주도적으로 학습할 수 있는 사이버 자율학습모형 유형이며, 평가단계를 두어 단순히 학습에서 그치는 것이 아니라 자신의 학습 목표 달성 정도를 평가할 수 있도록 하였다. 또한 학습내용을 텍스트 뿐 아니라 이미지, Frash, 사운드 등 다양한 방식으로 제시함으로써 학습자들의 학습동기와 흥미를 유발하고 학습에 대한 관심을 지속시켜 학습의 효과를 높일 수 있게 하였다.

5. 알기 쉬운 식품 첨가물 Q&A

식품의약품안전처는 식품첨가물에 관한 시리즈 2탄으로 '중화요리점 증후군', '라면에서의 MSG 첨가제' 등의 논란을 불러온 L-글루타민산나트륨과 관련된 정보를 「알기 쉬운 식품 첨가물 Q&A」 형식으로 홈페이지에 소개하고 있다. 최근 웰빙트렌드는 자연 또는 천연 조미료, 무보존료 사용 제품을 선호하는 소비자의 식생활 문화가 확산시키고 있다. 그러므로 과학적 사실 위주의 정보를 소비자에게 제공함으로써, 불필요한 걱정을 불식시키고 소비자의 선택 권리를 보장하기 위한 것이라고 말했다. 식약처 홈페이지(www.mfds.go.kr) 식품첨가물정보방에서 확인할 수 있는 자세한 내용은 다음과 같다.

알기쉬운 L-글루타민산나트륨에 관한 Q&A

최근 업계 등에서 논란이 되었던 L-글루타민산나트륨의 안전성과 관련하여 캐나다(Health Canada), 유럽(European Food Information Council, EUFIC), 호주(Food Standards Australia New Zealand, FSANZ) 등에서 발표한 자료를 토대로 소비자에게 과학적 사실 위주의 정보 제공을 위해 「알기쉬운 L-글루타민산나트륨에 관한 Q&A」를 다음과 같이 제공하고자 한다.

Q. L-글루타민산나트륨이란 무엇인가요?

A. L-글루타민산나트륨(L-Monosodium Glutamate)은 식품 제조 · 가공 시 **맛과 향을 증가**시키기 위해 사용되는 식품첨가물로 아미노산인 글루타민산의 나트륨염을 말합니다.

Q. L-글루타민산나트륨은 어떻게 만들어지나요?

A. **과거**에는 단백질이 풍부한 **해조류(seaweed)의 열수추출에 의해** 얻어진 글루타민산으로부터 만들어졌으나, **최근에는 글루타민산 생성능력을 가진 미생물을 이용한 발효법**으로 얻어진 글루타민산을 중화 · 정제하여 나트륨 염 형태의 L-글루타민산나트륨이 만들어지고 있습니다.

Q. 글루타민산은 식품성분에서도 얻어지나요?

A. 일반 소비자들은 식품첨가물인 L-글루타민산나트륨을 글루타민산의 유일한 공급원으로 생각하고 있으나, **글루타민산은 유제품, 육류, 어류, 채소류** 등과 같이 동·식물성 단백질 함유 식품에 천연으로 존재하고 있습니다.

(단위 : ppm)

유/유제품		알/육류		어류		채소류	
우유	20	달걀	230	대구	90	양파	180
모유	220	돼지고기	230	연어	200	비트	300
파머산치즈	12,000	쇠고기	330	고등어	360	피망	320
		닭고기	440			당근	330
		오리고기	690			시금치	390
						옥수수	1,300
						토마토	1,400
						완두콩	2,000

※ 출처 : Food Technology, v.41, 143-145, 1987

Q. L-글루타민산나트륨은 가공식품에 왜 사용되나요?

A. L-글루타민산나트륨은 **소량으로도** 스프, 샐러드, 고기국물, 육류, 가금류, 해산물 및 채소류 등의 **식품 본연의 자연스런 맛(감칠 맛)과 향을 증가**시키기 위해 가공식품 제조 시 첨가·사용되고 있으며, 또한 **저염 효과**도 있는 것으로 알려져 있습니다.

Q. L-글루타민산나트륨은 언제부터 사용되었나요?

A. L-글루타민산나트륨은 **미국**에서는 GRAS 물질로서 **1977년, 일본**에서는 **1948년, 우리나라**에서는 **1962년**에 각각 식품첨가물로 지정되었으며 그 밖에 **유럽, CODEX** 등 **세계 각국에서 현재 식품첨가물로 지정되어 사용**되고 있습니다.

Q. L-글루타민산나트륨은 어떤 맛을 나타내나요?

A. 일반인들이 맛을 느끼는 최저농도가 **소금은** 0.2%, **설탕은** 0.5% 인 것에 비하여 **L-글루타민산나트륨은** 0.03%의 매우 낮은 농도에서도 맛을 느낄 수 있습니다. 또한, L-글루타민산나트륨은 **짠맛, 신맛, 쓴맛을 완화시켜 주고 단맛을 높여 주는 특성**이 있습니다.

Q. L-글루타민산나트륨에 함유된 나트륨 양은 얼마인가요?

A. L-글루타민산나트륨에 함유된 나트륨 양은 일반 소금 중 나트륨 양의 약 1/3 수준으로 일반 소금 보다 적은 양이 사용되어 지며, 오히려 L-글루타민산나트륨을 일반 **소금과 함께 사용하는 경우**에는 전체 **나트륨 섭취를 20%~40% 감소**시킬 수 있습니다.

Q. L-글루타민산나트륨은 정말 안전한가요?

A. L-글루타민산나트륨은 유엔식량농업기구(FAO)와 세계보건기구(WHO)에서 공동으로 설립한 식품첨가물전문가위원회인 JECFA에서 식품첨가물에 관한 세계 최고 전문가들의 독성평가 결과, 인체안전기준치인 **1일섭취허용량(ADI)을 별도로 정하고 있지 않은 「NS(Not Specified)」**품목입니다.

※ ADI(Acceptable Daily Intake, 1일섭취허용량) : 인간이 평생 섭취해도 관찰할 수 있는 유해 영향이 나타나지 않는 1인당 1일 최대허용섭취량을 말함(단위 : mg/kg · bw/day)

Q. L-글루타민산나트륨 함유 식품 섭취와 중화요리증후군(Chinese Restaurant Syndrome, CRS)과는 상관성이 있나요?

A. L-글루타민산나트륨 함유 식품(천연으로 존재하는 글루타민산 함유 식품 포함)을 섭취한 일부 사람에게서 **일시적 과민반응**(후두부 작열감, 가슴압박, 메스꺼움, 두통 등)이 나타날 수 있으나, WHO는 이러한 과민반응은 섭취 후 2시간이내에 사라지는 **일시적 반응**으로서 **L-글루타민산나트륨의 함유 식품 섭취**와 **중화요리증후군과의 상관성은 없는 것**으로 발표한 바 있으며, 최근 **호주 및 일본**에서도 동일하게 **상관성이 없는 것**으로 평가한 바 있습니다.

※ 출처 : WHO Food Additives Series 22('87)
호주-뉴질랜드 식품기준청 Technical Report Series 20('03)
일본 식품안전위원회 첨가물평가서('08)

Q. L-글루타민산나트륨이 함유된 식품은 어떻게 확인하나요?

A. L-글루타민산나트륨이 첨가·사용된 가공 식품의 포장지에는 현행 식품 등의 표시기준에 따라 식품첨가물의 명칭인 「**L-글루타민산나트륨**」과 용도인 「**향미증진제**」를 함께 표시토록 하고 있어 소비자들이 이를 보고 선택할 수 있도록 하고 있습니다.

향미증진제 함유 제품의 표시 예	
L-글루타민산나트륨 함유 시	● L-글루타민산나트륨(향미증진제)

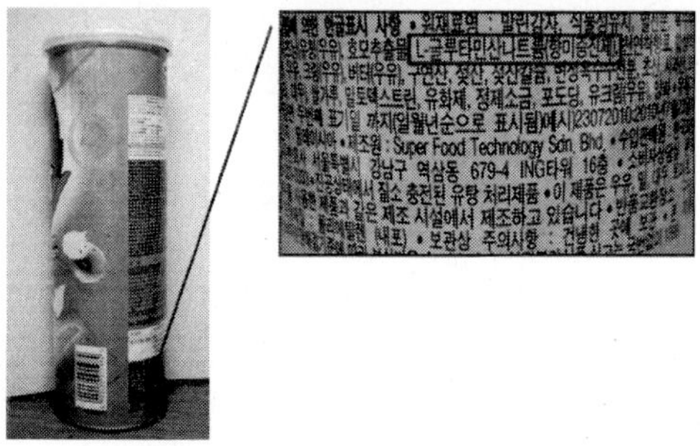

이처럼 영양교제가 개발되고 여러 가지 정책이 시행되면서 지방자치단체에서도 나트륨을 줄인 건강밥상과 관련된 교육을 시행하고 있다. 예를 들면 경기도 연천군 보건의료원은 지역주민들의 식생활문제에 따른 건강생활 실천향상을 위한 건강밥상 나트륨 섭취 줄이기 교육을 오는 6월 29일 보건의료원 대회의실에서 실시했다. 군 보건의료원에 따르면 우리나라 사람의 하루 나트륨 섭취량은 WHO 권장기준 2,000mg의 2.4배인 4,878mg으로 고혈압을 비롯한 각종 심혈관계 질환의 원인이 되고 있다고 밝혔다.

최근 나트륨 과잉섭취로 인한 건강상의 위험성이 대두되고 있으며, 나트륨은 소금 외에 육류와 야채 등 자연식품뿐 아니라 조미료(MSG), 베이킹파우더, 간장, 소시지, 햄, 베이컨, 케첩 등에도 다량 함유돼 있으나 이를 잘 모르는 경우가 많아, 가족건강을 위한 나트륨섭취 줄이기 교육을 실시 한다.

교육내용은 우리 몸 안에서 소금의 반응, 나트륨 조절로 예방할 수 있는 질환, 건강생활을 위한 저 염식의 중요성 및 식습관 관리 등 이론 강의와 천연조미료를 이용한 과일샐러드, 두부쌈장, 들깨 잣 소스, 저염 치즈 등 시연과 함께 직접 시식할 수 있는 체험도 하게 된다. 군 보건의료원 관계자는 이번

교육을 통하여 식생활습관을 개선하여 건강한 연천 만들기 위해 나트륨 섭취량 줄이기 교육을 실시하는 만큼 지역주민의 적극적인 참여를 당부했다 (아주경제 2012년 6월 29일).

제 7 장

나트륨 줄이기 추진체계와 운동

현대사회에서 중요한 트랜드 중 하나는 참여와 체험이다. 나트륨 줄이기 운동은 실천의 중요한 대상인 사람, 또는 소비자가 가장 활발하게 참여하고 체험할 수 있는 장을 제공한다는 점에서 가장 중요한 방안의 하나가 될 수 있다. 나트륨 줄이기 운동에 직접 참여해서 체험을 함으로써 단순히 머리로만 아는 지식이 아니라 몸으로 실천할 수 있는 역량을 기를 수 있기 때문이다. 이장에서는 나트륨 줄이기 추진체계와 운동에 관하여 설명하고자 한다.

1. 나트륨 저감화 추진 체계

1) 나트륨 저감화 추진정책

<표 7-1>에는 식품의약품안전처가 2009년에 발표한 나트륨저감화 추진정책이 제시되어 있다. 이 추진정책은 조사와 평가, 기준과 관리 및 교육과 홍보의 3가지로 분류되어 있다.

〈표 7-1〉 나트륨 섭취 저감화 추진 정책의 분류별 추진내용

조사·평가 (Risk Assessment)	기준·관리 (Risk Management)	교육·홍보 (Risk Communication)
• 함량 실태조사 - 가공식품 - 단체급식(학교급식, 영유아 급식 등) - 외식(패스트푸드점, 백화점 및 대형마트 푸드코트, 고속도로 휴게소 조리식품 등) • 섭취량 실태조사 - 영유아, 어린이, 청소년 대상의 섭취 실태조사 - 나트륨섭취 기여식품 조사 • 기초연구 - 한국인 소금민감도 연구 등	• 가공 식품 - 표시대상식품 확대 • 단체 급식 - 영유아 보육시설 영양관리 지침 - 영양 표시 • 외식업체 - 영양소기준치 - 저염메뉴 개발·보급 - 영양성분 산출 프로그램 • 민관협의체 및 전문가 위원회 운영	• 콘텐츠 개발 - 교재, 리플렛, 동영상 DVD, 온라인 콘텐츠 등 • 교육홍보 - 온라인 : 홈페이지, 포탈 사이트 연계 교육 - 오프라인 : 교육청, 지자체 연계, 학회, 심포지엄, 설명회 등 - 언론홍보 : 보도자료 배포, 기고, 인터뷰 등 • 공익 캠페인 - 나트륨 줄이기 슬로건공모 - 대중음식점 대상 나트륨 줄이기 캠페인 - 공익광고

※ 출처 : 식품의약품안전처 보도자료(2009)

2) 나트륨저감화위원회

식품의약품안전처는 2010년에 나트륨저감화위원회를 발족해 우리나라 국민의 하루 평균 나트륨 섭취량을 낮추기 위한 나트륨저감화 2차 사업에 본격적으로 착수하였다. 2015년까지 시행될 이 사업은 2005~2010년 나트륨 실태조사와 표시확대를 추진한 1차 사업에 이어 트랜스지방을 비롯한 위해가능 영양성분 저감화 사업의 하나로 실시된다.

나트륨저감화위원회는 범부처와 외식업계, 학교 급식업체, 소비자단체 관계자 10명의 위원으로 구성되며 합의과정을 통해 향후 5년간 나트륨 저감화 목표를 설정하고, 특히 가정식, 외식, 가공식품, 학교급식으로 대표되는 나트륨 섭취경로와 주요 섭취음식 가운데 우선순위를 정해 단계적으로 저감화를 추진하고 있다.

2. 저나트륨 식품의 공급

1) 저나트륨 급식주간 행사

식품의약품안전처는 국민들의 나트륨 섭취량을 줄이기 위한 정책의 일환으로 저나트륨 급식주간 행사를 진행하였다. 2011년 상반기에 대형급식업체를 중심으로 진행하였는데, 아워홈(25개 업체 · 1만980명), 한화호텔앤드리조트(13개 · 6천960명), 현대그린푸드(12개 · 1만1천25명), CJ프레시웨이(11개 · 5천250명), ECMD(300개 · 20만명)등 5개 급식업소가 참여하였고, 하반기에는 상반기에 참여한 대형급식업체는 자율적으로 참가했고, 중 · 소형 급식업체를 중심으로 저나트륨 급식주간 행사를 실시하였다. 참여한 중소형 급식업체는 고매푸드, 동원홈푸드, 이조케터링, 제이제이케터링, DCF, LSC 등 6개 급식업체고, 총 57개 급식업소에서 약 2만여 명의 급식자를 대상으로 진행되었다.

이 행사에서는 나트륨 10%이상 줄인 급식 하루 이상 제공, 짠맛 미각 검사 이벤트, 나트륨 섭취 줄이기 포스터 제공, 나트륨 과잉섭취의 위험성 등을 홍보, 섭취자별 현장 설문조사 등을 실시하였다. 또 포스트 잇 형태로 나트륨 적게 먹기 실천 요령 홍보물 배포와 '짠맛 미각 검사'를 지속적으로 시행해 개인이 평소에 인지하는 짠맛 수준을 평가받아 나트륨 섭취 줄이기를 실천할 수 있도록 유도하였다. 식약처는 앞으로 보다 많은 중 · 소형 급식업체를 저나트륨 급식주간 행사에 동참시켜 건강한 급식문화를 만드는데 앞장설 계획이다.

2) 저나트륨 식품 코너 운영

식품의약품안전처는 국민들이 나트륨 함량을 줄인 가공식품을 식품 매장에서 손쉽게 찾아 볼 수 있게 하기 위해 백화점과 대형마트 등 유통업체가 자율 참여하는 저나트륨 식품코너를 단계적으로 확대 운영해 나가기로 하였다. 해당 코너에서 진열되는 가공식품은 '나트륨 함량이 "덜" 함유된 제품'과 '나트륨 함량이 줄어든 제품' 등으로 구성된다. '나트륨 함량이 "덜" 함유된 제품'은 타사 제품 대비 나트륨 함량이 적정 수준 이하인 제품으로 간장 및 된장 등 장류 제품이 진열된다.

〈표 7-2〉 나트륨 함량이 줄어든 면류

업체명	번호	제품명	1회 제공량(g)	'11년 이전 나트륨 함량(mg)	'12.4 기준 나트륨 함량(mg)
농심	1	둥지냉면 물냉면	161	1,950	1,860
농심	2	생생우동(용기)	276	1,970	1,760
농심	3	사천요리 짜파게티	137	1,180	1,080
농심	4	농심 감자면	117	1,930	1,750
농심	5	농심 라면 육개장	120	1,980	1,780
농심	6	무파마탕면	122	1,860	1,720
농심	7	오징어 짬뽕	124	1,870	1,780
농심	8	얼큰한 너구리	120	1,960	1,700
농심	9	육개장큰사발	110	1,900	1,610
농심	10	무파마탕면 큰사발	112	1,660	1,570
농심	11	김치 큰사발	86	1,840	1,430
농심	12	새우탕큰사발	115	1,900	1,640
농심	13	사리곰탕 큰사발	111	1,890	1,765
농심	14	새우탕컵	67	1,450	1,230
농심	15	辛라면큰사발	114	1,960	1,550
농심	16	사천요리 짜파게티면	121	1,210	1,090
농심	17	쌀국수설렁탕	122	1,900	1,780
농심	18	쌀국수소고기짜장면	128	1,300	1,100
농심	19	농심가락사누끼우동	300	1,980	1,790
삼양식품	1	큰컵삼양	115	1,920	1,850
삼양식품	2	더클래식큰컵	115	1,990	1,790
삼양식품	3	속풀이황태라면	105	1,990	1,890
삼양식품	4	큰컵간짬뽕	105	1,020	980
삼양식품	5	손수때릴타면	120	1,990	1,890
삼양식품	6	쇠고기면	120	1,980	1,855
삼양식품	7	김치라면	120	1,960	1,880
삼양식품	8	삼양클래식	120	1,980	1,890

〈표 7-3〉 나트륨 함량이 줄어든 간장 등 장류

업체명	번호	제품명	염도 (%)	
			'11년 이전	'12.4 기준
진미식품	1	우리 쌀로 빚은 고추장	6.8	6.2
진미식품	2	우리 쌀 순한 맛 고추장	6.8	6.2
샘표식품	1	샘표 참숯으로 두 번 거른 양조간장	15.5	15
샘표식품	2	참숯으로 두 번 거른 맑은 국간장	24.0	23.5
사조해표	1	옹가네 국간장	18.7	17.0

'나트륨 함량이 줄어든 제품'은 지난 2011년 나트륨 섭취량의 주요 급원 음식 중 하나인 면류, 장류 가공식품 제조업체가 자발적으로 나서 나트륨 저감대상 품목으로 선정하고 그 결과 실제 나트륨 함량이 면류는 평균 10%, 장류는 염도 평균 5% 줄어든 총 32개 제품이 대상으로 기존의 나트륨 함량과 줄어든 나트륨 함량을 비교 표시하여 소비자에게 적극 알릴 예정이다. 또한 가공식품의 나트륨 함량을 지속적으로 조사하고 업체가 자율적으로 나트륨 저감화에 참여할 수 있도록 독려하여 '저나트륨 식품 코너' 진열 대상 품목을 햄, 치즈, 어묵, 젓갈, 김까지 확대해 나갈 계획이다. <표 7-2>에는 나트륨 함량이 줄어든 면류가 제시되어 있고, <표 7-3>에는 나트륨 함량이 줄어든 간장 등 장류가 제시되어 있다. 두 종류 모두 2011년 이전의 나트륨 함량과 2012년 4월 기준 나트륨 함량이 제시되어 있다.

3. 건강음식점 지정 제도

우리나라의 외식산업은 식당업, 요식업, 음식업 등으로 불리어져 왔으나 최근 들어 시장의 규모가 커지고 대형화, 체인화 되면서 외식산업이라는 용어를 사용하게 되었다. 이와 같은 외식산업의 팽창은 국민의 생활수준 향상과 도시화로 인한 식생활의 사회화 현상과 맞물려 국민건강에 큰 영향력을 미칠 수 있는 요인이 되었다. 외식산업에서 제공하는 음식에 포함된 영양소가 영양섭취기준과 상충되면 식생활의 질을 낮추게 되고, 영양불량으로 인한 각종 건강문제의 발생 위험을 증가 시키는 원인이 될 수 있기 때문이다. 식당음식이 비만 발생 증가와 관련 되어 있고, 열량, 지질, 나트륨을 권장량 이상으로 다량 포함하고 있다는 연구보고들이 이러한 사실을 뒷받침 해주고 있다. 비만이나 열량, 지질과 나트륨 등의 과잉섭취는 우리나라 국민의 주요 사망원인인 암, 뇌졸중, 심장질환, 고혈압성 질환의 발생과 관련성이 높다는 과학적인 증거가 지속적으로 발표되고 있다.

지금까지 외식소비자들이 외식을 할 때는 주로 맛, 분위기, 음식분량 등에 관심을 두었으며, 업체 역시 매출증가 위주의 판매 전략에 중점을 두고 있어 건강측면은 상대적으로 관심을 끌지 못한 측면이 있었다. 식당은 다양한 인구집단이 이용하는 곳으로, 외식소비자들에게 보다 건강한 식사를 제공하고 건강에 관련된 정보를 제공함으로써 국민건강에 기여하는 주체가 될 수 있다. 식생활의 사회화 추세가 우리보다 일찍 시작된 외국의 경우, 건강식당사업(healthy restaurant program) 등을 통해 소비자들에게 건강한 식생활 환경을 제공하기 위해 다양한 노력을 하고 있다. 건강식당사업은 건강한 식당의 기준을 정하고 이에 부합하는 식당은 '건강식당'으로 인증하여 소비자들에게 적극적으로 홍보하는 사업을 말한다(홍경의 · 강양화 · 정효지(2008)).

서양의 경우 미국에서는 Healthy Dining Program이라는 건강식당사업이 San Diego, Orange county 및 LA 등 지에서 실시되고 있다. 약 5만개의 식당이 참여하고 있으며 웹사이트 (http://healthy-dining.com)를 통해 건강메뉴의 영양성분 정보를 보여준다. North Carolina와 Washington 주에서는 The Winner's Circle Healthy Dining Program이라는 건강식당사업이 실시되고 있다. 식당의 메뉴가 Winner's Circle 기준에 적합해야 하므로 참여를 원하는 기관은 메뉴의 영양분석을 받아야 한다. 참여 식당은 웹사이트 (http://www.winnerscirclehealthydining.com)와 뉴스레터를 통해 광고되고 Winner's circle 로고를 건강한 식사로 선정된 메뉴에 부착할 수 있다. 이 사업은 도시마다 차이가 있기는 하지만 주로 건강한 식사제공과 음식에 대한 올바른 정보제공으로 구성된다. 건강한 식사제공 부분은 건강한 식재료 선택, 저 지방, 저 열량, 저 단순당, 저 육류, 저 가공식품, 고 섬유질 등을 함유한 건강한 메뉴개발 및 조리과정 표준화 등을 포함하고, 음식에 대한 올바른 정보제공 부분은 메뉴의 영양표시, 소비자의 건강상태에 따른 메뉴제안과 식재료의 원산지표시 등을 포함한다.

미국 캘리포니아주 LA오렌지 카운티는 식품 안전을 제고하기 위하여 1997년부터 위생표준에 따라 음식점의 등급을 매기는 작업을 해왔다. Jin & Leslie(2003)의 연구에 따르면 이 제도는 음식물로 인한 질병 발생을 줄였고, LA오렌지 카운티에 있는 음식점의 위생상태도 개선시킴으로써 매우 효과가 큰 것으로 밝혀졌다. 등급제도는 복잡한 공시제도와는 달리 간단하므로 소비자가 이해하기 쉬웠고, 소비자는 위생상태가 나쁜 음식점에는 낮은 등급을 줘 벌을 주고 다른 음식점을 찾는 방법으로 음식점 업계의 경쟁을 유도할 수 있었다. 또한 소비자는 LA카운티 공중보건국 홈페이지에서 온라인으로 등급을 검색할 수 있기 때문에 음식점을 선택할 때 등급표시를 활용할 수 있다. 그러므로 음식점 운영자들은 이 제도를 통하여 고객들의 반응을 평가할 수 있고, 낮은 등급을 받은 음식점은 경쟁에서 살아남기 위하여 위생상태를 개선해야 한다(OECD CCP 저, 강성진 역, 2011). 건강음식점사업에 참여하고 있는 음식점들은 자신들이 넣고 있는 소금의 양을 제시하여 식약처의 검토를 받고 소비자들은 싱거우면서도 맛있는 음식을 평가하여 등급을 매겨 공개하는 방식으로 나트륨 줄이기 건강음식점 사업에 활용할 수 있을 것이다.

캐나다는 Eat Smart! Ontario's Healthy Restaurant Program이라는 건강식당사업을 온타리오 보건당국. 농림부, 심장병 · 뇌졸중 · 암 관리협회, 지역사회 보건단체, 외식산업체 및 소비자가 함께 개발하여 실시하고 있다. 건강한 음식을 메뉴에서 또는 요청하여 선택할 수 있고, 식품안전 기준을 따르며, 식당 전체가 금연구역이어야 한다는 세 가지 기준에 부합하면 이 사업에 참여할 수 있다. 참여식당은 Eat Smart 로고를 식당에 붙일 수 있고 웹사이트 (http://eatsmart.web.ca), 캐나다 레스토랑 안내 웹사이트 또는 지역사회 식당 안내문 등에 무료로 홍보된다. 이외에도 캐나다에서는 The Heart Smart Restaurant Program을 실시하여 식당들이 소비자에게 건강한 음식을 선택할 기회를 제공하고, 저지방, 저나트륨, 고섬유식을 지향하며, 담배연기가 없는 식사환경을 만들도록 권장하고 있다. 참여 식당들은 웹사이트 (http://infonet.st-johns.nf.ca/nhhp/docs/heartsmart.html)를 통해 홍보된다.

동양의 경우 일본 동경도의 미나토구에서는 건강식 MINATO라는 건강식당사업을 지방자치정부 주도로 실시한다. 건강식당이란 건강메뉴, 건강서비스 또는 건강 공간 중 하나 이상을 선택해서 실시하는 식당을 의미하는데 이 중 건강메뉴란 밸런스 메뉴, 적당량에 다양한 식품이 들어있는 메뉴, 저열량 메뉴, 저지방 메뉴, 저나트륨 메뉴로 구성된다. 미나토구는 포털 사이트를 통해 참여업소를 소개하며 2007년 현재 108개 점포가 참여하고 있는 것으로 나타났다. 싱가포르는 2003년부터 Healthier Dining Program을 Health Promotion Board 주관으로 실시하고 있다. 저지방, 저나트륨, 과일과 채소 제공량 증가, 건강조리법 이용, 건강한 재료 이용 중 4가지 기준에 적합하면 건강메뉴로 인증해 주고 Healthier Choice라는 로고를 식당에 부착할 수 있도록 한다. 해당 식당은 언론매체를 통해 광고되며 건강식당 관광 코스로 선정될 수 있는 기회를 주는데 현재 200개 이상 식당이 참여하고 있다.

우리나라는 현재 외식업체를 대상으로 '모범음식점'이나 '자랑스런 한국음식점'을 지방자치단체에서 선정하여 지원하고 있는데 이러한 사업은 식당의 위생상태, 음식의 맛, 서비스 등에 중점을 둔 사업으로, 외국의 건강식당 사업 같은 건강증진사업과는 차이가 있었다. 그러나 건강한 식사제공을 위한 외식환경 조성의 중요성이 대두되면서 건강음식점에 관한 연구들도 이루어졌고 몇몇 정책들이 시행되기 시작하였다.

인천시 서구는 외식산업의 성장과 가공식품의 섭취 증가로 인해 구민의 건강을 위협하는 위해 성분인 나트륨의 섭취가 증가하고 있어 구민 생활속에 밀접한 관계가 있는 나트륨의 섭취를 감소시키고자 올해 모범업소 97개 업소를 대상으로 『위해식품 ZERO를 위한 사업』일환으로 염도측정기를 구입·보급했다고 밝혔다. 인턴 서구는 건강한 식습관 형성과 구민의 건강 증진을 위해 외식산업의 주도적 역할을 할 것으로 기대하는 모범업소를 우선 대상으로 해 업소에서 나트륨의 사용을 줄여 나아갈 수 있도록 독려하고자 위해식품 ZERO와 저염식 음식문화의 확대를 위한 염도측정기를 보급했다고 밝혔다(이뉴스투데이 2012년 7월 3일).

영등포구(구청장 조길형)는 주민 모두가 올바른 식습관을 형성해 건강을 지켜나갈 수 있도록 '식생활 정보센터'를 개설해 운영 중이다. 센터는 구 보건소 내에서 주민들의 방문이 가장 많은 2층 로비에 설치돼 다른 민원 업무를 보러 온 주민들도 오며 가며 편하게 건강 상담을 받고 있다.

한국인의 음식문화는 국, 찌개, 장아찌, 젓갈류 등 짜게 먹을 일 투성이다. 나트륨은 중요한 영양소이지만 과다 섭취하면 고혈압 당뇨, 심장과 뇌혈관 질환 등 만성 질환에 걸리기 쉬워 주의가 요구된다. 구는 주민들의 나트륨 섭취를 줄일 수 있는 저염 식생활 교육을 다양하게 진행 하고 있다.

매주 목요일 오전 10시부터 낮 12시까지 진행되는 '건강한 밥상 만들기' 프로그램에서는 '염도 측정 코너'와 '미각 테스트'를 통해 평소 내 식습관에 대해 체크 해 볼 수 있다. 특히 실제 가정에서 먹는 국이나 찌개를 소량 가져오면 현장에서 염도를 측정, 결과를 즉시 알려주고 싱겁게 먹기 실천을 위한 영양 상담을 받을 수 있다. 가정에서 활용할 수 있는 저염 김치와 양념 비법도 알려준다.

구는 개인별 맞춤 상담을 통해 식생활을 개선 하는 '맞춤형 영양 상담'도 연중 진행한다. 체성분 측정과 기초 상담을 통해 식생활을 진단 후, 그에 맞는 영양 자료를 제공 하고 교육을 연계하고 있다. 고혈압 진단을 받은 주민에게는 고혈압 관련 책자 제공을 비롯 구가 운영 중인 대사증후군 플래너 프로그램에 참여를 권하는 식이다. 구민 누구나 참여할 수 있고, 사전 예약제로 운영된다.(☎ 2670-4783)

구는 초보맘 과 임산부를 대상으로 영·유아의 올바른 이유식 정보를 전하는 '오감 만족 놀이터'를 7월부터 시작한다. 일생의 건강을 좌우하는 영 · 유아기에 필요한 이유식 정보와 시기별 · 단계별 이유식 포인트를 상세하게 알려준다. 사전 예약(☎ 2670-4783)을 통해 접수된 10명 내외의 소그룹을 대상으로 매주 수요일 오후 4시부터 1시간씩 3주 과정으로 진행된다(아시아경제 2012년 7월 2일).

서울시 거주 소비자를 대상으로 하여 외식 건강증진사업데 대한 소비자의 요구도와 실행의지를 분석한 홍경의 · 강양화 · 정효지(2008)의 연구에서도 첫째, 외식에 포함되는 영양소로 지질, 열량, Na, 섬유소 등을, 건강정보로 비만, 심혈관질환, 암, 당뇨 등과 관련된 내용을 표시하는 것에 대한 요구도가 높았다. 둘째, 외식 건강증진사업 목표 인구로는 요구도와 실행의지가 높은 여성, 30대 연령층, 배우자가 있는 대상자, 외식할 때 식당관리 상태 및 식당음식의 질을 많이 고려하는 사람을 주 대상으로 할 필요가 있다. 셋째, 요구도는 높으나 실행의지는 낮은 50대 이상 연령층, 저학력층 대상자들이 접근하기 용이한 사업 개발이 필요하고, 요구도도 낮고 실행의지도 낮은 남성, 배우자가 없는 대상자 등에 대해서도 건강증진사업의 중요성을 인식시키고 이를 활용하도록 하는 사업을 개발할 필요가 있다. 넷째, 외식산업 건강증진사업을 개발할 경우 식당환경 및 위생관리, 식당음식의 질 관리 등 식당운영을 잘 할 수 있도록 지도하는 사업을 개발할 필요가 있다.

그러므로 건강증진사업에는 외식 소비자들에게는 건강증진사업 참여가 본인의 건강에 이익이 된다는 것을 알리는 활동, 외식 제공자들에게는 영양정보나 건강정보가 표시되는 음식을 만들 수 있는 기술개발, 식당환경 향상 등의 활동, 건강증진사업을 주관하는 측에게는 제공되는 영양과 건강정보가 정확하다는 점을 소비자들이 확실할 수 있도록 하는 제도적 인증체계의 구축, 외식 제공자들의 음식 영양성분 분석 의뢰를 처리해 줄 수 있는 연구소 신설 등이 포함되어야 한다고 주장하였다.

건강음식점지정사업은 외식경영자의 적극적인 참여 없이는 성공할 수 없고, 이들의 참여는 본 사업이 식당경영에 긍정적 효과가 있을 것이라는 인식이 필수적이라는 문제인식을 하고 홍경의와 정효지(2009)는 외식경영자가 외식산업 건강증진사업인 건강식당사업에 대해 가지고 있는 인식을 조사해 보고, 건강식당사업 참여의지에 영향을 미치는 요인들을 탐색하여 다음과 같은 결과를 얻었다. 50.3%의 외식경영자들이 건강식당사업에 참여할 의지가 있다고 응답하였고, 49.7%는 참여할 의지가 없다고 응답하여 참여의지가 있는 경영자는 반 정도밖에 되지 않는 것을 알 수 있었다. Wootan과 Osborn(2006)도 연구조사 대상 식당 287개 중 54%의 식당만이 영양 정보를 제공하고 있는 것으로 보고하여 외국의 외식경영자들도 영양이나 건강 정보를 표시하고 사업을 보편적으로 수용하고 있지 않다는 것을 보여주었다. 또한 종속변수의 차이로 직접적 비교는 어렵지만 Almanza 등(1997)은 10점 척도로 측정한 조사대상 식당경영자들의 영양 정보제공 의지가 평균 5.65점인 것으로 보고하였는데 이는 5점 척도로 측정한 본 연구 대상자들의 참여의지가 평균 3.34점으로 나타난 것과 유사하다고 할 수 있다. 이러한 결과는 우리나라에서 영양이나 건강 정보표시를 통한 건강식당사업을 계획할 때 일선 경영자들의 참여의지가 높지 않다는 것을 고려하여 계획해야 한다고 주장하였다.

건강식당에 대한 경영자들의 인식은 '신선한 식재료를 이용하는 식당'이라는 응답이 약 64%로 높았으나 영양이나 건강 정보표시를 하는 곳이라고 응답한 비율은 9.6%에 지나지 않아, 경영자들이 건강식당사업의 주요 활동이 건강한 음식을 소비자들에게 제공하면서 그 제공하는 음식에 대한 영양 및 건강에 대한 정보도 함께 제공해야 하는 것이라는 인식은 부족한 것으로 나타났다. 따라서 외식경영자의 건강식당사업에 대한 이해증진 및 인식전환을 위한 활동 계획이 필요함을 알 수 있었다.

본인의 식당에 건강식당사업을 수용할 때 경영자들이 가장 우려하는 것은 '업소에서 유지해오던 고유한 음식 맛의 변화'를 지적하였는데, 이는 결국 음식 맛의 변화로 인한 고객 손실과 판매저하를 우려하는 것을 반영한 결과라고 할 수 있겠다. 따라서 고유한 음식 맛을 유지하면서도 건강한 음식이 될 수 있는 조리법의 개발이 필요 할 텐데 응답자들의 80%가 건강메뉴를 자체적으로 개발할 수 없다고 응답하여 이러한 문제를 우선적으로 해결할 수 있는 지원방법과 체계를 갖추어야 할 것으로 나타났다.

외식경영자는 영양 정보로 지질, 열량, 나트륨 및 섬유소를, 건강 정보로 비만, 당뇨병, 심혈관 질환 및 암 등을 표시하기 원하는 것으로 나타났다. 이러한 결과는 홍경희, 강양화, 정효지(2008)의 연구에 나타난 외식소비자들의 영양 및 건강 정보표시 요구 내용과 매우 일치하는 것으로 외식경영자들이 현재 지역사회 주민들의 정보표시 요구를 어느 정도 파악하고 있다는 것을 반영한 것이라고 할 수 있다. 그러나 외식경영자가 건강식당사업에 참여하여 영양이나 건강 정보표시를 실시할 때 가장 기본인 영양분석과 건강한 음식 및 건강관리 정보는 외부의 도움이 필요하다고 하였으므로 이에 대한 대책이 필요함을 알 수 있다. 따라서 건강식당사업을 성공적으로 수행하기 위해서는 영양성분 분석이 가능한 기관의 설립과 외식산업계와의 연계, 건강한 음식에 대한 정보와 건강관리 정보를 습득할 수 있는 인적자원이나 지역사회 자원과의 연결망을 구축하는 활동을 포함해야 할 것으로 사료된다.

외식경영자의 건강식당사업 참여의지에 영향을 미치는 요인은 사업체 특성과 사업경영 특성에서 나타났다. 사업체 특성에서, 현재 업종 운영기간이 10년보다 긴 경우 10년 이하인 경영자에 비해 참여의지가 있을 가능성이 2.6배 높았는데, 이는 외식산업을 장기간 운영해온 경영자일수록 건강지향적 경영전략이 필요함을 인식하고 있다는 점을 시사한다. 따라서 건강식당사업은 외식경영자들이 본 사업을 도입하는 것이 자신의 식당경영에 큰 도움이 될 수 있겠다는 확신을 줄 수 있는 사업내용을 포함해야하고 그 내용을 경영자들에게 알리는 활동을 포함해야 할 것을 시사한다.

사업경영 특성에서 음식의 질 고려정도는 매우 높다고 응답한 경영자의 경우 높다고 응답한 경영자에 비해 참여 의지가 있을 가능성이 0.3배인 것으로 나타났다. 이는 현재 운영하고 있는 식당 사업에 자신감을 가지고 있는 경영자일수록 건강식당사업에 관심을 보이지 않는다는 것을 반영하는 결과라고 할 수 있다. 하지만 이는 외식경영자가 외식소비자들의 외식산업 건강증진사업 요구를 잘 파악하고 있지 못하다는 것을 반영하는 결과라고 볼 수 있다. 홍경희, 강양화, 정효지(2008)의 연구에 의하면 외식소비자들은 음식의 양, 가격, 맛과 식사제공 시간 등에서 높은 평가를 받을 수 있는, 즉 음식의 질 고려정도가 매우 높은 식당이 영양이나 건강 정보를 표시하는 건강증진사업을 실시한다면 그 식당을 더 자주 방문할 의사가 있다고 하였으나, 음식의 양, 가격, 맛과 식사제공 시간 등이 잘 관리되어 외식소비자들로부터 큰 호응을 얻을 수 있는 업소의 경영자일수록 건강식당사업에 참여할 의지가 오히려 낮은 것으로 나타났다. 따라서 건강음식점지정사업 활동은 음식의 질이 매우 높아 평판이 좋은 식당을 운영하는 외식경영자들의 참여의지를 높일 수 있는 계획이 포함되어야 하겠고, 외식경영자들이 외식소비자들의 추세를 정확하고 빠르게 파악하여 식당 경영에 반영할 수 있도록 하는 상호 정보교환체계 구축 활동도 포함되어야 한다.

영양이나 건강 정보표시 중요성은 정보표시의 중요성 인지도가 높을 경우가 낮을 경우에 비해 참여의지가 있을 가능성이 약 24배 높았다. Athearn 등(2004), Baptiste-Roberts 등(2007)의 연구에서도 인지도가 높은 대상자들이 건강행위나 건강행위 실천의도가 더 높았다. 유진아와 정희선(2011)의 연구에서도 건강관심도가 높을수록 영양성분 내용을 자세하게 서술한 형태의 영양정보표시를 더 선호하고 있었으나 통계적으로 의미있는 차이는 없었다. Cottrell 등(2005), Glik 등(2004)도 대상자들의 인지도가 높을수록 건강증진사업의 목표를 성취하는데 보다 긍정적 영향을 미친다고 보고하였다.

미국 뉴욕시의 외식업체 영양표시를 규정하기 위한 자료에서 제시한 바에 의하면 대부분의 소비자들은 실제 칼로리보다 낮게 음식의 칼로리를 추정하고 있었다. 치킨화이타의 경우 실제 칼로리는 1,660kcal인데 사람들은 704kcal일 것이라고 추정함으로써 58%나 적게 인식하고 있었다. 또한 한끼의 식사로 선택하는 메뉴의 칼로리가 1,000kcal를 넘는 경우가 많았다. 그러나 칼로리 정보를 제공한 경우 15% 정도 적게 칼로리를 섭취하는 것으로 나타났다. 미국 성인 중 3/4이 포장된 식품을 구매할 때 영양표시를 쉽게 확인하고 구매하며, 칼로리가 높을 경우 1/3이 적게 구매하며, 50%의 미국 성인은 영양표시가 식품구매 의사결정에 영향을 미친다고 하였다(Sonia & Lynn, 2008).

우리나라 정부에서는 2008년 1월부터 어린이 먹거리 안전 종합대책의 일환으로 패스트푸드 업소의 햄버거를 중심으로 음식의 중량 및 5대 영양소를 메뉴보드, 카운터메뉴판, 업소 홈페이지 등에 표시하기 시작하였고, 2010부터는 패밀리레스토랑이나 체인점 형태로 운영되는 외식업체에 영향표시제도를 의무화하는 사업을 실시하고 있다.

식품의약품안전처는 지방자치단체 · 음식업중앙회와 공동으로 나트륨 줄이기에 자율적으로 참여한 전국 3개 권역 114개 음식점을 2011년 12월 13일~12월 23일 기간에 '나트륨 줄이기 참여 건강음식점'으로 지정하였다. '나트륨 줄이기 참여 건강음식점'은 기존보다 나트륨을 평균 14% 정도 줄인 음식을 제공하며, 특히 나트륨을 줄인 음식의 총열량, 나트륨 함량 등의 수치를 메뉴판 등에 제공한다. 건강음식점은 서울지역 40개소, 충청지역 38개소, 경상지역 36개소로 모두 114개소이고, 나트륨을 줄인 메뉴는 서울지역 88개, 충청지역 58개, 경상지역 77개로 모두 223개이다. 2012년 경기, 강원, 전라, 제주지역을 포함하여 250개소, 2013년 전국으로 1000개소까지 확대해 나갈 예정이다. 식약처는 2011년 처음으로 음식점에서 판매되는 대표 메뉴의 레시피와 영양성분을 분석하고, 이 중 나트륨이 높은 음식을 대상으로 양념이나 육수의 염도를 낮추거나 사용량을 줄이는 방법으로 나트륨을 최대 50%까지 낮추었다.

또한 '나트륨 줄이기 참여 건강음식점'으로 지정된 음식점에 대해서는 나트륨 함량이 변함없이 유지될 수 있도록 사후 모니터링을 실시하고 있다. 사후 모니터링을 통하여 해당 음식의 나트륨 함량을 분석하여 나트륨 함량을 초과할 경우 원인 분석 등을 통하여 개선을 지원한다.

식약처는 또한 한국도로공사와 함께 전국 2010년에 40개소 고속도로 휴게소에서 자율적으로 영양표시를 하게 하였고, 2011년에는 129개소로 확대하고, 2012년에는 전국의 모든 고속도로 휴게소(170개소)로 자율 영양표시를 확대 실시하였다. 자율 영양표시에 참여하는 고속도로 휴게소에서 조리·판매하는 식품에는 열량, 당류, 단백질, 포화지방, 나트륨 함량과 영양소기준치 등의 정보가 제공된다. 자율 영양표시에 참여하는 휴게소 중 최우수 영양표시 휴게소로 경산휴게소(서울방향)가, 우수 영양표시 휴게소로는 음성(하남)과 섬진강(부산), 장려 영양표시 휴게소로는 진영(순천), 횡성(인천), 안성(서울) 등이 선정되었다.

4. 나트륨 줄이기 운동본부

복지부와 식약처는 2020년까지 나트륨 섭취량을 20% 이상 저감한다는 목표 하에 2012년 3월 '나트륨 줄이기 운동본부'를 출범시키고, 나트륨 섭취를 줄이기 위해 다음과 같은 활동을 하고 있다.

① 가공식품 · 외식 등 나트륨 함량 표시 확대 및 나트륨 등 영양표시 확인 활성화 홍보

② 가공식품업체의 나트륨 줄이기 참여 확산, 나트륨 줄이기 참여 건강 음식점 지정확대 등 민간중심의 나트륨 줄이기 지속 추진

③ 저나트륨 메뉴 레시피 개발 및 중소급식업체 · 학교급식 보급 · 영양사 · 조리사 저나트륨 교육 등 단체급식의 저나트륨 실천 확산

1) 나트륨 줄이기 운동본부의 구성

나트륨 줄이기 운동본부는 업계, 소비자단체, 의료계, 학계, 언론 등 사회 각 분야의 전문가 103명으로 구성되었고, 총괄위원회는 소비자 3, 학회 6, 협회 4, 언론 2, 공공기관 2, 관련기관·단체 3으로 구성되어 있다. <그림 7-1>에는 나트륨 줄이기 운동본부의 조직도가 제시되어 있다.

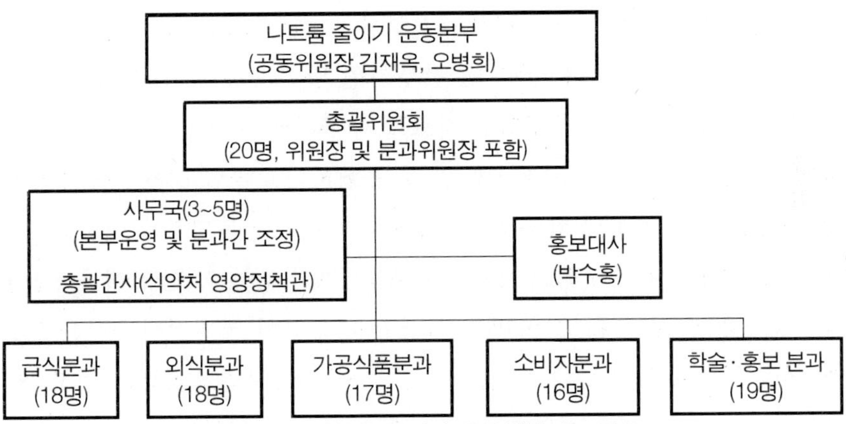

〈그림 7-1〉 나트륨 줄이기 운동본부의 조직도

2) 주요 활동사항

나트륨줄이기운동본부는 2012년 7월에 재단법인을 설립하기 위하여 정관을 작성하였고, 가공식품 나트륨 저감화 가이드라인 개발업체인 CJ업체를

방문하여 저감화 실패사례, 성공사례 및 애로사항을 청취하였다. 나트륨함량 등 영양성분 모니터링 방법 및 업체의 협조사항 등을 논의하기 위하여 관련업체와 간담회를 하였다.

청소년의 나트륨섭취를 줄이기 위하여 저나트륨 메뉴제공을 직장급식에서 학교급식으로 확대할 계획이다. 전국 초·중·고 학교급식소는 직영 11,039개소, 위탁 428개소를 합해 모두 11,467개소이다. 조리종사원 40여명을 대상으로 어린이 식생활 안전관리교육과 연계하여 나트륨저감화교육을 하였고, 울산교육청 주관으로 학교급식 위생과정을 활용한 어린이 식생활 안전관리교육을 실시하였다. 부산교육청 주관으로 조리종사자 600여명을 대상으로 연수회를 할 때 학교급식 나트륨저감화 실천방법 등을 안내하였다. '전국영양사학술대회'에서 영양사를 대상으로 미각테스트를 실시하는 등 나트륨 홍보관을 운영하였다.

김포시는 96개 참여 우수업소를 대상으로 운영실태를 확인한 후에 30개 우수업소를선정해 염도측정기와 위생장갑지원등 인센티브를 제공하였다. 보건복지부가 주관하는 면류나트륨저감화를 위한 관련업체회의에 참석하여 유탕면류의 나트륨저감화 방안 및 정부지원 방안 등을 논의하였고, 한국방송작가협회에 나트륨 줄이기 관련 자료를 송부하였다.

보건복지부는 농협중앙회와 6월 27일 농협하나로클럽 양재점에서 국민건강을 증진을 위한 업무협약(MOU)을 체결하였다. 보건복지부와 식품의약품안전처가 정책적으로 추진하고 있는 '나트륨줄이기운동'과 농업협동조합중앙회의 '식사랑농사랑운동'은 올바른 식생활을 통하여 국민건강증진을 도모하려는 것을 목표로 하고 있다. 이번 업무협약에 따라 보건복지부는 농협중앙회의 '食사랑農사랑 운동' 지원을 위해 기관 명칭을 후원하고 나트륨을 줄이기를 위한 '저나트륨 조리 레시피' 등의 각종 자료와 정보를 제공하기로 하였다.

농협중앙회는 자사가 운영하는 식품유통 과정에 나트륨 줄인 식품 판매대를 설치하는 등 나트륨 줄이기 운동에 적극 동참하기로 하였다. 특히 농협중앙회는 중앙회 소관 62개 하나로클럽 중 연면적 1천평 이상인 20개 매장에 대해서는 금년 10월 중으로 나트륨 줄인 식품 판매대 또는 코너를 설치하고, 1

천평 미만의 42개 매장에는 금년 12월중으로 판매대설치 등 국민들의 나트륨섭취 줄이기에 적극 동참하고 교육·홍보방안을 마련하겠다고 하였다. 아울러 1,166개 지역농협의 하나로마트 매장에서도 나트륨줄이기 운동 등 국민식습관 개선을 위한 다양한 홍보활동 및 사업을 적극 지원하겠다고 하였다. 농협 하나로클럽 매장에 나트륨 줄인 식품 판매대를 설치 · 운용함으로써 저염식품 생산을 유도할 수 있을 것으로 기대된다. 또한 농협과 같은 대형유통회사의 적극참여는 나트륨줄이기운동의 좋은 현장 적용 사례가 될 것으로 기대된다.

3) 나트륨 줄이기 운동 홍보 계획

국민 영양 및 식생활 개선의 중요성에 대한 국민인식을 제고함과 아울러 실제 행태변화를 이끌어 낼 수 있도록 다각적이고 지속적인 홍보에 중점을 두기로 했다. 나트륨 일일 섭취 권고량 인지율을 2014년까지 50%이상으로 끌어올기로 하였다. 이는 2011년 기준 21.7%를 증가시키는 것이다. 특히, 보육시설, 학교 등과의 연계를 통한 통합적 홍보를 추진하여 습관형성기에 있는 영유아, 청소년의 인식개선과 행태변화를 유인하기로 하였다. 2012년의 구체적인 홍보방안은 다음과 같다.

(1) 매체 및 계기성 홍보 강화를 통한 국민인식개선

다양한 매체를 활용하여 국민의 인식을 개선하기 위하여 홍보를 강화한다. TV의 탐사 · 보도프로그램을 적극 활용하되, 감성적 접근을 위해 요리프로그램, 드라마, 시트콤 등을 전략적으로 활용한다.

MBN 시사기획 "맥"	「나트륨의 습격- 당신의 생명을 노린다」 • 4. 14(토) 21:40(20분 방영)
"MBC 스페셜" 다큐	나트륨 과잉섭취 심각성 및 나트륨 줄이기 방법 • 6. 1(금) 22:50 방송

유명인이 진행하는 요리프로그램에 '저나트륨 요리법'을 기획특집으로 구성(하반기), 시트콤, 인기드라마 등 작가 협조로 드라마에 핵심메시지를 전달한다.

EBS 최고의 요리 비결	저나트륨 요리법 방영 관련 진행사항 • 주 1회 6개월간 방영 요구('11.12~) • 최요비측 요구사항 : 출연 셰프의 레시피 개발위해 일정기간(6개월) 필요함

라디오 공익방송으로 나트륨 저감화 방송(6~7월)

TBS 교통방송	퇴근시간대(18~19시) 나트륨 경각심 고취(20초 광고)

기타 정부홍보매체, 전문지 및 무가지를 통한 홍보를 지속추진하고 SNS 등 뉴미디어, 교통수단 안내 방송 등을 적극 활용한다. 중앙일보 자매지인 무가지 헬스미디어에 매월 연속 2년간 보도하고, '만성질환' 예방을 위한 나트륨 저감화 필요성 등을 담은 무가지에 광고 · 기사 게재

중앙일보 헬스미디어	"백색 공포에 경종을 울려라~" 저염, 저나트륨 헬스벨(Health Bell) 캠페인 - 기사(매월), 브로슈어(6~7월), Tablet PC매거진(5, 9, 12월)

KTX (4월~5월), 지하철 (5월~6월), 버스 (6~7월)에 광고하였다.

KTX	나트륨 줄이기 위해 짜지 않게 먹는 식습관 홍보 ("8 스팟광고 월 219회)
지하철	나트륨 과잉섭취 경각심 고취 및 저감화 실천방법 (1~4호선 객차 내 인쇄 · 영상광고, 행선안내기 광고 등) • 객차내 방송 : 하루 5회, 2,040대 모니터 • 행선안내기 방송 : 역사내 하루 36 ~ 50회 방송
버스	나트륨 과잉섭취 심각성 및 저감화 필요성 홍보 (서울시내 버스 50대 1개월간 외부광고)

식약처 Mobile Lab을 활용하여 나트륨 줄이기 동영상을 이동식으로 홍보하고 있다. 서울지방 식약처(서울 목동) 건물 외벽 전광판에 나트륨 줄이기 홍보를 하고, 네이버 플래시 광고를 한다((50만대/일)×1주=천만원)

이동식 검사 차량 활용	식약처 이동식 식중독 신속검사 차량 3대에 부착된 LCD 모니터에 식중독 예방 위한 동영상과 함께 상영

(2) 나트륨 줄이기 운동본부 홈페이지 오픈

- 나트륨 저감화 관련 지식의 축적 · 확산 · 공유 · 소통을 위한 웹
- 각 국 · 기관의 나트륨 정책 및 동향에 관한 정보 수록
- 관련 사이트 링크, 트위터 연계 등 정보 공유

(3) 계기성 홍보 강화

건강주간(4.17~18), 식품안전의 날(5.14), 세계조리사 대전대회(5.1~12), 영양의 날 (10.14) 등을 활용하여 학술심포지엄, 미각테스트, 홍보물 배포, 보도자료 전시, 퀴즈대회, 부스운영 등 다양한 홍보프로그램을 추진하였다. 유명 요리사, 요리연구가들과 장관님이 함께 하는 저나트륨 조리문화 확산 이벤트 추진하기로 하였다. 빅마마 이혜정씨 등이 참여하여 나트륨이 적어도 맛있게 조리할 수 있는 조리법 개발, 저염식 문화 확산을 위한 유명 요리사들의 약속 등 이벤트도 검토되었다.

여수 세계 박람회	5.21~28 여수신항
청소년 박람회	5.24~26 서울 무역전시관(SETEC)
어린이 건강 박람회	6.15~17 서울 무역전시관(SETEC)

4) 습관형성기의 행동 변화 유인을 위한 교육과 홍보

① 급식관리지원센터 및 보육정보센터를 통한 취학전 어린이 교육(4월~)

급식관리지원센터 교육·홍보 계획	• 은평구 센터 짠맛 미각테스트 1,000명(5월) • '12. 신규대상 영양사·조리사·어린이 교육자료 보급

② 교과부의 협조를 통한 학교 조리사·영양사(교사)를 통한 저나트륨 급식 제공 및 보건교사를 통한 만성질환 예방을 위한 교육 (4월~)

③ 청소년 주체의 온·오프라인 홍보 우수사례 평가 및 시상 (5월~9월)

식의약 영리더(Young Leader) 프로그램	• 청소년(중·고등학생)이 주체가 되어 식의약 안전에 관한 조사내용을 창의적인 방법으로 가정, 학교, 온라인 등 주변인들에게 알리는 체험활동 • '12년 평가 주제 : '나트륨 줄이기'로 일원화

④ 청소년박람회(5.24~26, 서울 무역전시관)에 홍보 부스 운영

5) 조리 및 외식업 관련 공급자 인식 개선

① 음식문화개선사업을 통한 한국외식업중앙회, 한국식품산업협회 등 식품 관련업체와 나트륨 저감화 문화 확산 공조 (3월부터 지속추진)
② 조리·영양관련 대학에 나트륨 저감 식단 및 조리 개발 교육 협조 (4월~)
③ 식품접객업 및 외식영업자를 대상으로 위생교육시 전달 (지속추진)

이상과 같은 홍보를 보다 효과적으로 추진하기 위하여 <표 7-4>에는 월별 지속적 홍보를 위한 보도자료 배포계획이 제시되어 있다. 4월에는 포항시에서 싱겁게 묵기 운동 추진본부를 출범하였고, 5월에는 식품 안전의 날 나트륨 저감화 학술 심포지엄을 열었고, 12월에는 가공식품 품목별 나트륨 저감

화 가이드라인을 발표할 계획이다. <표 7-5>에는 다양한 매체별로 다양한 방법으로 나트륨을 줄이기 위한 홍보를 효과적으로 실행하기 위한 월별 추진 일정이 제시되어 있다.

〈표 7-4〉 월별 지속적 홍보를 위한 보도자료 배포계획(2012년)

월	홍보명	내 용
4월	나트륨 줄이기 운동의 전 사회적 확산의 발판 마련	- 포항시, 지역사회 최초로 나트륨 줄이기 운동 추진을 위한 '싱겁게 먹기! 추진본부'출범
5월	나트륨 저감화 학술 심포지엄 개최	- 식품 안전의날 나트륨 저감화 학술심포지엄
6월	유통업체 저나트륨 Zone 설치	- 대형마트 · 백화점에서 저나트륨 제품을 모아파는 저나트륨 Zone 설치 계획 발표
7월	상반기 단체 급식업체 나트륨 저감화 성과 보고회 개최	- 상반기 저나트륨 급식주간 참여업체 및 성과 발표
8월	가공식품 나트륨 저감화 점검	- 면류, 장류, 조미식품 등 나트륨 함량 모니터링 결과 등 발표
9월	건강음식점 지도현장을 가다	- 저나트륨 건강음식점 메뉴에 대해 업체의 노력 여부를 확인하기 위한 모니터링 및 언론사 현장 취재
10월	프렌차이즈 업체 나트륨 저감화 목표 자율 이행 선언	- 프렌차이즈 업체 나트륨 저감화 목표 자율 이행 선언 - 1탄 중식 프랜차이즈
11월	건강음식점 지정 현판식 개최	- 나트륨 줄이기 외식 시범 특구 건강음식점 지정 현판식
12월	가공식품 나트륨 저감화 가이드라인 발표	- 가공식품 품목별 나트륨 저감화 가이드라인 발표

식품의약품안전처는 국민들이 나트륨 함량을 줄인 가공식품을 식품 매장에서 손쉽게 찾아볼 수 있게 하기 위해 백화점과 대형마트 등 유통업체가 자율 참여하는 '저나트륨 식품코너'를 단계적으로 확대 운영해 나가기로 했다고 밝혔다. '저나트륨 식품 코너'는 올 6월초 경기 부천 소재 현대백화점 중동점을 시작으로 농협하나로마트 양재점(6월 27일부터), 신세계백화점 강남점(7월 9일부터), 이마트 영등포점(8월부터) 등으로 확대해 나갈 예정이다. 해당 코너에서 진열되는 가공식품은 '나트륨 함량이 덜 함유된 제품'과 '나트륨 함량이 줄어든 제품' 등으로 구성된다.

'나트륨 함량이 덜 함유된 제품'은 타사 제품 대비 나트륨 함량이 적정 수준 이하인 제품으로 간장 및 된장 등 장류 제품이 진열된다. '나트륨 함량이 줄어든 제품'은 지난 2011년 나트륨 섭취량의 주요 급원 음식 중 하나인 면류(8월), 장류(9월) 가공식품 제조업체가 자발적으로 나서 나트륨 저감 대상 품목으로 선정하고 그 결과 실제 나트륨 함량이 면류는 평균 10%, 장류는 염도 평균 5% 줄어든 총 32개 제품을 대상으로 기존의 나트륨 함량과 줄어든 나트륨 함량을 비교 표시해 소비자에게 적극 알릴 예정이다.

식약처는 앞으로 가공식품의 나트륨 함량을 지속적으로 조사하고 업체가 자율적으로 나트륨 저감화에 참여할 수 있도록 독려해 '저나트륨 식품 코너' 진열 대상 품목을 햄, 치즈, 어묵, 젓갈, 김까지 확대해 나갈 계획이라고 밝혔다. 한편 소비자는 제품 구매 시 진열대 및 제품에 표시된 나트륨 함량을 꼼꼼히 확인해 조금이라도 나트륨 함량이 적은 제품을 구매하고, 조리시에는 기존 보다 더 많은 양을 넣지 않도록 주의해야 나트륨 과잉섭취를 예방할 수 있다고 강조했다(환경일보 2012년 6월 26일).

서울 관악구는 주민들의 나트륨 섭취를 줄이기 위해 '저염 실천 시범 음식점'을 2012년 8월에 지정하였다. 이번에 선정된 음식점은 해물탕 · 찜 전문점 '해물나라', 칼국수 전문점 '들깨향 장수 밀', 한정식 전문점 '바달비' 등 3개소이다. 관악구 보건소는 이들 음식점을 대상으로 외식업체 나트륨 수준 측정 및 표시 지원, 저염 실천을 위한 영양교육 및 직원 미각테스트 실시, 조리 레시피 개발 기술지원 및 모니터링, 디지털 염도계, 나트륨 줄이기 홍보 등을 지원한다.

또 외식고객을 대상으로 나트륨 줄이기 인식개선 영양교육, 상설 염도 측정코너 운영, 염도계 대여 프로그램, 싱겁게 먹기 실천 홍보 및 캠페인 등을 운영해 가정에서도 싱겁게 먹기를 습관화함으로써 장기적으로는 저염 실천 식당의 이용률을 높일 계획이다. 관악구는 외식업소에서 고객에게 건강식을 제공한다는 사명으로 나트륨 함량이 높은 화학조미료와 양념류를 적게 쓰는 운동에 동참해주기를 바라고, '나트륨 줄이기 실천 시범사업'을 통해 음식문화를 개선하고 건강식생활 환경을 조성해 장기적으로 주민의 비만을 예방하고 건강생활실천율도 향상될 수 있기를 기대하고 있다(황혜진, 2012).

〈표 7-5〉 월별 추진일정(2012년)

일정		홍보수단	홍보 방법 및 내용	비고
4	17~18	보건의날	미각테스트, 부스운영 등	서울광장
	19	민·관협력	나트륨줄이기 운동본부 지부 설치	포항지부
	월중	신문	헬스 미디어 - 중앙일보 자매지	2년간 매월
	월중	온·오프 라인	UCC, SNS, News letter 발송 및 공감 등에 게재	홍보실
	월중	TV	MBN 시사계획 '맥'	
	월중	교통수단	KTX 내부 모니터에 저나트륨 홍보	4월~5월
5	14	식품안전의날	학술심포지엄, 동영상, 제품전시, 미각테스트, 퀴즈대회 등	청계광장
	1~12	세계조리사대회	홍보 동영상, 저나트륨 제품 전시, 미각테스트, 저나트륨 조리대회, 홍보 보드 등	대전
	월중	시트콤	방송작가의 협조로 드라마 중 나트륨 저감효과	건보공단
	월중	참여	청소년(영리더) 참여 홍보 모집 및 평가 시상	5월~9월
	월중	교통수단	지하철 정류장 모니터에 광고	5월~6월
	월중	홈페이지	복지부 및 관련단체에 Na줄이기 운동본부 Link	
6월중		TV	MBC 다큐 제작 - 3회 연속 방송으로 기획	
		라디오	공익광고	6월~7월
		무가지	지하철역 입구 등 다수인 유동지역에 배포	건보공단
		교통수단	버스의 외면에 배너광고	6월~7월
하반기		TV	저나트륨 요리교실	EBS예상
		학술연구	리스크 커뮤니케이션을 위한 중·장기 소통전략	연구용역
		조리대회	조리학원 교육생 대상 조리대회 평가시상	4/4분기중
수시		행정력	정부 전광판, 반상회보, 음식문화개선사업	4월부터
		교육	보육정보센터 및 어린이급식관리지원센터	어린이
			조리사·영양사(영양교사)가 급식실에서 홍보교육	학생
			보건교사를 통한 만성질환예방을 위한 교육	학생
			식품접객업자 및 집단급식소 종사 영양사 조리사	음식공급자

5. 싱겁게 먹기 센터

1) 목적

저희 싱겁게 먹기 센터(SALT REDUCTION CENTER) 홈페이지를 찾아주셔서 감사합니다. 귀댁에 행복이 넘치시길 기원합니다.

싱겁게 먹기 센터는 2005년 6월 대구광역시건강증진사업지원단에서 추진하는 건강증진사업의 특화사업으로 싱겁게 먹기 사업이 선정됨에 따라 지역민들의 싱겁게 먹기 교육을 담당하기 위해 설립되었습니다. 대구광역시 8개구군 보건소를 중심으로 지역사회 주민들의 싱겁게 먹기를 위한 캠페인과 짠맛에 대한 미각판정을 통한 싱겁게 먹기 체험교육을 실시하고 있습니다. 2006년 6월에는 한국보건사회연구원의 「대국민 나트륨 섭취감소 방안」 연구과제를 본 센터에서 수주하게 되어 보다 체계적으로 싱겁게 먹기를 위한 방안을 연구할 수 있게 되었습니다. 저희 홈페이지를 통하여 우리 국민들이 싱겁게 먹기의 중요성을 인식하고 싱겁게 먹는 방법을 습득하여 싱겁게 먹기를 실천함으로써 고혈압, 심혈관계질환 등을 예방 및 관리하여 건강한 나라가 될 수 있기를 바랍니다. 감사합니다.

2) 연혁

<표 7-6>에는 싱겁게 먹기센터의 연혁이 제시되어 있다. 2005년 5월부터 2010년까지 다양한 활동을 하고 있음을 알 수 있다.

〈표 7-6〉 싱겁게 먹기센터의 연혁

2005. 5	• 대구광역시 건강증진사업지원단 결성 • 대구시 특화사업으로 싱겁게 먹기 사업 선정
2005. 7	• 미각판정 도구개발, 교육매체개발
2005. 9	• 대구시 8개 구군 보건소 싱겁게 먹기 캠페인 시작
2005. 10	• 대구광역시 고혈압 · 당뇨병관리사업 연계 • 대구광역시 고혈압 · 당뇨병관리사업단 참여 병의원 캠페인(20여개소, 973명)
2005. 12	• 싱겁게 먹기 캠페인 대상 총 35,902명(2005. 9~12) • 보건소 409회, 학교 260회, 건강체험관 32,604회, 사업장 1,629회
2006	• 고혈압환자, 직장인과 주부 등 1,123명 대상 미각판정 • 보건복지부 환자교육 참여의료기관 캠페인: 의료기관 22개소, 253명 • 대구광역시 교육청 주관, 전국학교영양사회 대구지부 주최 행사 캠페인 지원 : 학교영양사 및 주민 약 400여명

2007	• 의료기관 싱겁게 먹기 특화사업 40개소 • 싱겁게 먹는 직장 만들기 프로그램 15개 사업장 • 단체급식소 음식 소금함량 측정 100곳 • 대구시 심뇌혈관질환고위험군 등록관리시범사업단 연계
2008	• 싱겁게 먹는 건강한 학교 만들기 프로그램 8개교 • 싱겁게 먹는 직장 만들기 프로그램 8개 사업장
2009	• 대구시 구군 보건소 싱겁게 먹기 사업 현장 지원 • 대구경북지역암센터 및 대구경북권역심뇌혈관질환센터 연계
2010. 9	• 대구과학축전 "어떻게 싱겁게 먹을까?"부스 운영(9.18~19) 6개 보건소, 19개 기관, 2,982명 • 초중고등학생대상 미각판정 및 영양상담(400여명)
2010. 8	• 싱겁게 먹기 사업 5주년 기념 대구광역시 건강증진사업 포럼 개최(8.20) • 대구경북영양사회와 싱겁게 먹기 사업 협약체결 (8.20)
2010. 5	• 짠맛 미각판정도구 컴퓨터 프로그램으로 개발

3) 조직도

〈그림 7-2〉 싱겁게 먹기센터의 조직도

<그림 7-2>에는 싱겁게 먹기 센터의 조직도가 제시되어 있다. 싱겁게 먹기 센터는 대구광역시 건강증진사업지원단, 한국보건사회연구원, 경북대학교 단체급식연구실, 보건소, 학교, 의료기관, 사업체, 영양전문가 등과 서로 유기적인 협력관계를 유지하고 있다. 싱겁게 먹기 사업을 지원하는 지원팀, 연구와 교육자료를 개발하는 연구팀, 건강증진사업 및 심뇌혈관질환사업, 싱겁게 먹기 사업을 추진하는 사업단, 사업전반 홍보전략 구상과 홍보를 담당하는 교육홍보팀, 저염식단을 개발하고 관능검사를 담당하는 메뉴개발팀으로 구성되어 있다. <그림 7-3>에는 싱겁게 먹기 센터의 로고와 로고의 의미에 대한 설명이 제시되어 있다.

:: **SALTDOWN** LOGO

저울게의 많고 적음을 의인화 및 편화시킨 심볼입니다.
하단의 블루색 바다는 지구를 의미, 중간의 엘로우색과 슬롯블루는 사람의 몸과 다리를 의미, 중간의 핫핑크는 양팔을 벌린 것입니다. 소금(나트륨, Na)을 적게 섭취하면 엄마와 아이가 행복해하고, 많이 섭취하면 아이가 우는 모습을 나타낸 것입니다. 이 모든 조합은 세상 모든 사람들이 소금을 적게 섭취하여 건강하고 행복한 삶을 추구하자는 디자인입니다.

대구광역시 건강증진사업지원단
싱겁게먹기센터
Salt Reduction Center

대구광역시 건강증진사업지원단
싱겁게먹기센터
Salt Reduction Center

〈그림 7-3〉 싱겁게 먹기 센터 로고

제3부

나트륨 줄이기 참여 건강음식점의 행태 변화

Clay 등(1995)은 선진국의 많은 레스토랑 체인점은 이미 오래 전부터 건강과 영양에 관심을 갖는 고객의 욕구를 충족시키기 위해 저지방, 저 콜레스테롤 메뉴 등 다양한 건강식 메뉴를 개발하여 제공하고 있으며, 이러한 고객의 건강에 대한 관심은 레스토랑 결정에 영향을 미치는 중요한 요인으로 작용하고 있다고 하였다. 외식비와 외식 횟수가 증가하고 외식산업이 성장한다는 것은 식생활의 외식의존도가 높아지고, 외식이 건강에 미치는 영향력이 커진다는 것을 의미한다. 따라서 외식에 포함되어 있는 여러 만성병의 근원이 될 수 있는 영양성분의 하나인 나트륨 등을 보다 낮은 수준으로 조절한 음식의 출현이 필요한 시점이 되었다. 또한 외식산업체에서 그 음식이 포함하고 있는 나트륨정보를 포함한 영양정보나 건강정보를 표시하여 외식소비자들로 하여금 올바른 정보에 입각하여 음식을 선택하고 식사량을 조절할 수 있는 환경을 조성해야 한다.

지금까지 외식소비자들이 외식을 할 때는 주로 맛, 분위기, 음식분량 등에 관심을 두었으며, 업체 역시 매출증가 위주의 판매 전략에 중점을 두고 있어 건강요소는 상대적으로 관심을 끌지 못한 측면이 있었다. 그러나 현재 우리나라에서 많이 소비되고 있는 외식 음식의 영양성분 분석에 의하면 한 끼 식사로는 양이 너무 많고, 열량, 지질, Na 등이 너무 많이 포함되어 있는 것으로 밝혀졌다. 이러한 영양소들은 비만과 만성질병의 위험요인이라는 연구보고들이 나오고 있다는 점에서 외식이 비만과 만성질병 발생의 핵심요인이 되고 있다(홍경의·강양화·정효지, 2008). 제 3부에서는 2012년 5월 14일 식품안전처 주최, 나트륨줄이기 운동본부 주관으로 서울 프레스센터에서 발표된 홍순명(2012)의 '나트륨 줄이기에 참여 건강음식점 사례연구'의 내용을 바탕으로 구성하였다. 1차 나트륨 줄이기에 참여한 건강음식점의 변화를 조사하여 분석하였다.

제 8 장

연구의 의의와 방법

이 장에서는 홍순명(2012) 연구내용을 중심으로 연구의 의의와 방법을 설명하고, 나트륨 줄이기 참여 건강음식점의 특성을 제시하였다.

1. 연구의 의의

나트륨 섭취를 줄인 건강한 식생활 환경 조성 마련하기 위하여 식품의약품안전처는 지방자치단체 · 외식업중앙회와 공동으로 나트륨 줄이기에 자율적으로 참여한 전국 3개 권역 114개 음식점을 2011년 12월 13일~12월 23일에 '나트륨 줄이기 참여 건강음식점'으로 지정하였다. 식품의약품안전처는 나트륨 줄이기 참여 건강음식점의 일부 외식메뉴에 대하여 레시피를 조사하고, 식품재료를 실측하고, 메뉴를 수거하여 영양분석을 실시한 결과를 바탕으로 하여 나트륨이 높은 메뉴에 대해 조리기술을 지원하고 나트륨을 줄이기 위한 실제적인 방안을 논의하고 제시하였다. 본 연구에서는 '나트륨 줄이기 참여 건강음식점'을 대상으로 조리기술 및 방법, 고객만족도, 매출변화, 나트륨을 줄인 메뉴확대 여부, 지정 후 마인드 및 행태 변화 여부, 개선사항 등을 조사 분석하여 실태를 파악하고 발전방향 등을 제시하여 '나트륨 줄이기 참여 건강음식점'의 정착과 확산을 위한 방향을 제시하고자 한다. 이러한 사례연구를 통하여 앞으로 외식업체에서 소비자들이 나트륨 섭취를 줄이기 위한 올바른 음식을 선택할 수 있게 되어 건강한 식생활 문화 정착에 크게 기여할 것으로 예상된다.

2. 연구방법

'나트륨 줄이기 참여 건강음식점'은 2011년 식품의약품안전처와 지방자치단체에서 지정한 음식점으로 통하여 참여한 음식점 중 폐업 등 3개 업소를 제외한 서울의 종로구, 성동구, 강남구에 있는 건강음식점 40개소, 충청권의 대전, 청주, 청원, 연기에 있는 건강음식점 38개소, 경상권의 부산, 대구, 울산에 있는 건강음식점 36개소가 선정되었다. 이 중에서 폐업 신고를 한 서울 2개소, 충청권의 2개소를 제외한 총 111개 음식점을 대상으로 설문조사를 실시하였다. <표 8-1>에는 지역별 조사대상 음식점이 제시되어 있다. 조사는 2012년 4월 22일~4월 26일에 외식업중앙회를 통하여 이루어졌고, 설문내용으로는 1)일반사항, 2)조리기술 및 방법, 3)고객만족도, 4)매출변화, 5)나트륨을 줄인 메뉴확대 여부 6)지정 후 마인드 및 행태 변화 여부 및 개선사항 등에 대한 내용으로 구성하였다. 수집된 설문지는 SPSS로 통계처리하였다. 설문조사와 함께 응답자에게 나트륨을 줄이기 우하여 사용할 수 있는 방안을 적게 한 자료도 분류하여 제시하였다.

〈표 8-1〉 지역별 조사대상 음식점

서울(39 외식업소)

종로		성동		강남	
번호	업체명	번호	업체명	번호	업체명
1	솔뫼마을	1	다원수산	1	생태명가
2	경복궁	2	갈매기 날다	2	가시리
3	눈나무집	3	담쟁이	3	두아바티아
4	다락정	4	마장 설렁탕	4	먹거리방

종로		성동		강남	
번호	업체명	번호	업체명	번호	업체명
5	미소	5	명성식당	6	소담골
6	북촌진곰탕	6	박가네숯불갈비	7	애덕 한정식
7	삼청칼국수	7	밥줘술줘 왕족발	8	언더더씨
8	상감떡갈비	8	소문난 식당	9	원두막
9	온마을 즉석두부	9	암소집	10	월화당
10	진성옛날 소머리국밥	10	양평 해장국	11	청수복국
11	청수정	11	우래식당		
12	편안한집	12	우리돈가		
13	하궁	13	이가갈비		
14	향나무 세그루	14	정원식당		
		15	한우정		

충청(36 외식업소)

대전		청주		청원		연기	
번호	업체명	번호	업체명	번호	업체명	번호	업체명
1	오장동 흥냉면 (함경면옥)	1	경 북 집	1	길성이백숙 (장수촌)	1	백설 소갈비찜
3	대전칼국수	2	내마음의풍금	2	남가네 설악추어탕	2	돈가스 클럽
4	람바다	3	부모산가든	3	산하춘	3	약산쌈밥
5	비아로마	4	삼대째손두부	4	착한설렁탕	4	우보 설렁탕
6	삼국지	5	상주올갱이집	5	청주본가	5	장어촌 한우마을
7	삼대째 손두부	6	송림	6	청주추어탕	6	청해일식
8	신촌설렁탕	7	오리명가	7	평양순대	7	촌집
9	연분홍 해물탕	8	용마루추어탕				
10	연타발	10	활력추어탕				
11	왕춘식당						
12	족고을						
13	평양옥						
14	풍전삼계탕만년점						

경상(36 외식업소)

대구		울산		부산	
번호	업체명	번호	업체명	번호	업체명
1	바르미 칼구수	1	포도청 석쇠구이	1	예이제신관
2	금산 삼계탕	2	24시 해장국	2	기장식당
3	남강 회초밥	3	대가야 삼계탕	3	마산아구찜
4	대룩 회초밥	4	덕재벌 장작구이	4	매일식당
5	봉평골	5	봉창이 해물칼국수	5	봉평 산골 메밀촌
6	삼수장어	6	옥루 중화요리	6	세창 대구탕
7	성림복어	7	종로부대찌개	7	소문난 칼국수
8	센도리	8	참숯왕 소금구이	8	소바야 일바야
9	정아칼치	9	청원 아구찜	9	속시원한대구탕
10	주문진 회무침	10	탐라 24시 돼지국밥	10	원조짜장
11	청정	11	해운대 신 대구탕	11	해운대 소문난 삼계탕
12	풍기 삼계탕	12	황장군 함흥냉면		
13	호남정				

3. 나트륨 줄이기 참여 건강음식점의 특성

<그림 8-1>에서 보면 나트륨 줄이기 건강음식점은 94%가 단독운영을 하고 있었고, 50개 미만의 체인점은 3%, 50~100개 미만의 체인점은 1%에 불과하였다. 현재 우리나라에서 많은 음식점이 체인점의 형태로 운영되고 있고, 이러한 추세는 더욱 증가할 것이라고 예측할 수 있다. 그러므로 나트륨 줄이기 건강음식점 사업을 성공적으로 추진하기 위해서는 체인점 본부를 주요 대상으로 선정하여 참여하도록 권장하고, 소비자단체를 중심으로 하여 주요 음식체인점들이 이 사업에 적극적으로 참여하도록 압력을 넣을 수 있는 방안을 마련해야 할 것이다.

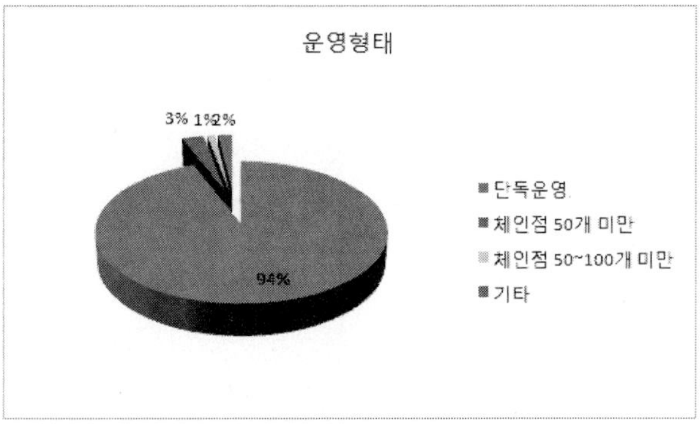

〈그림 8-1〉 운영형태

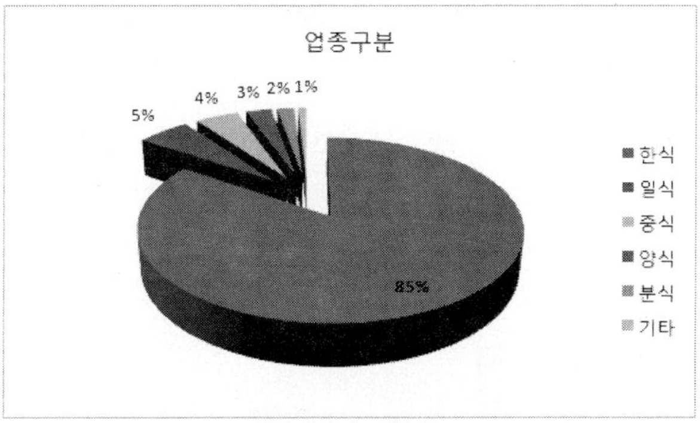

〈그림 8-2〉 업종구분

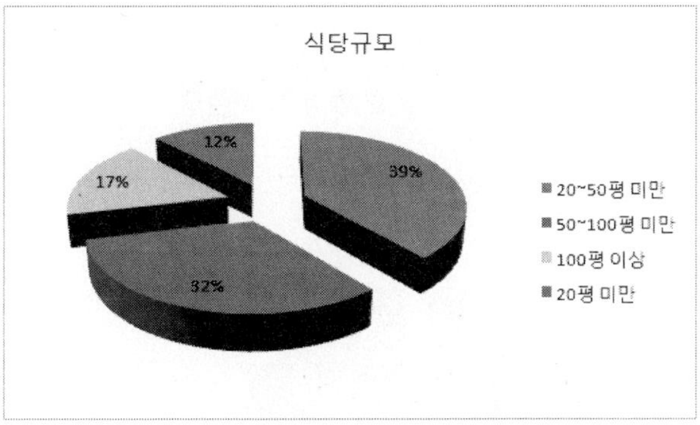

〈그림 8-3〉 식당규모

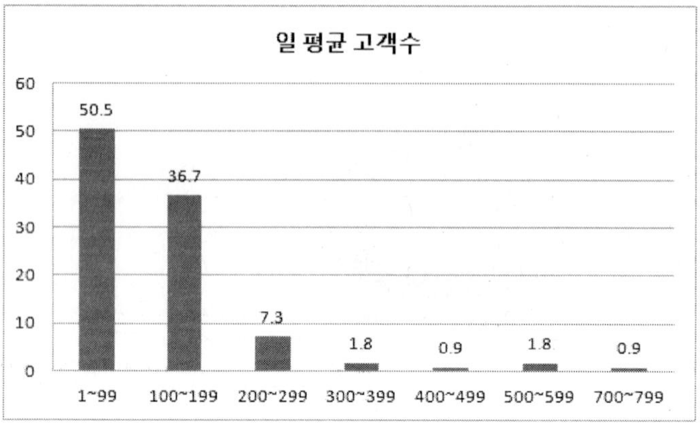

〈그림 8-4〉 일 평균 고객수

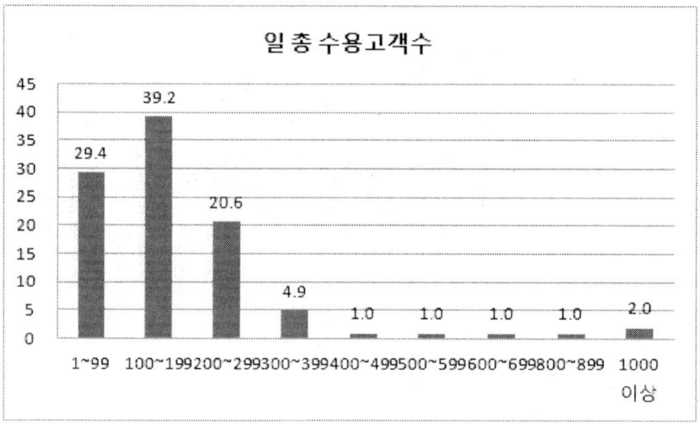

〈그림 8-5〉 일 총 수용 고객수

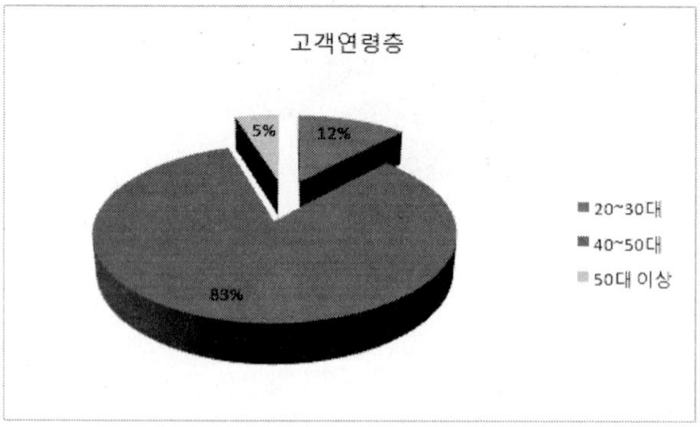

〈그림 8-6〉 고객 연령층

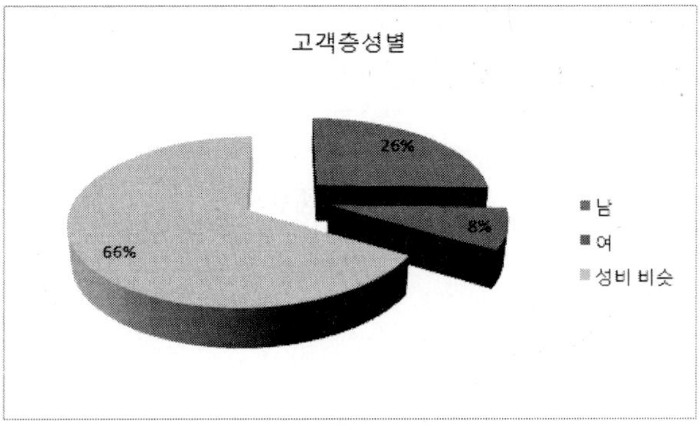

〈그림 8-7〉 성별 고객층

<그림 8-2>를 보면 나트륨 줄이기 건강음식점의 업종을 보면 85%가 한식이고, 일식이 5%, 중식이 4%, 양식이 3%, 분식이 1%를 차지하고 있었다. <그림 8-3>에서 식당규모를 보면 20-50평 미만이 39%로 가장 많았고, 그 다음은 50~100평 미만으로 32%를 차지하였고, 100평 이상은 17%, 20평 미만은 12%를 차지하였다. <그림 8-4>에서 하루 평균 고객수를 보면 100명 미만이 50.5%로 가장 많았고, 그 다음은 100~199명으로 36.7%를 차지하였으며, 200~299명은 7.3%를 차지하였다. <그림 8-5>에서 하루에 수용할 수 있는 총 고객수를 보면 100명 미만이 29.4%로 가장 많았고, 그 다음은 100~199명으로 39.2%를 차지하였으며, 200~299명은 20.6%를 차지하였다. <그림 8-6>에서 고객 연령층을 보면 40~50대가 83%로 거의 대부분이고, 20~30대가 12%, 50대 이상이 5%를 차지하였다. <그림 8-7>에서 고객의 성비를 보면 66%가 성비가 비슷하였고, 26%가 남자, 8%가 여자로 나타났다.

<표 8-2>에서 보면 메뉴 종류의 수가 1-5개가 59.6%로 가장 많았고, 6-10개는 29.4%를 차지하였고, 11-15개는 7.3%를 차지하였다. <표 8-3>에서 식단의 반찬수를 보면 4~6개가 42.7%로 가장 많았고, 7~9개는 27.3%로 두 번째로 많았으며, 3개 이하는 22.7%로 세 번째로 많았다. <표 8-4>에서 질문지를 작성한 사람의 지위를 보면 영업주가 58.5%로 가장 많았고, 홀지배인이 18.9%로 두 번째로 많았고, 조리장이 9.4%로 세 번째로 많았다. 작성자의 성별을 보면 <표 8-5> 여자가 60.2%, 남자가 39.8%로 여자가 더 많았다. <표 8-6>에서 작성

자의 연령을 보면 40대가 43.9%로 가장 많았고, 50대는 29.9%로 두 번째로 많았고, 30대는 15.0%로 세 번째로 많았다.

〈표 8-2〉 메뉴 종류의 수

메뉴종류수	N(%)
1~5개	65(59.6)
6~10개	32(29.4)
11~15개	8(7.3)
16~20개	1(0.9)
21개 이상	3(2.8)
합계	109(100.0)

〈표 8-3〉 식단의 반찬수

식단반찬수	N(%)
3개 이하	25(22.7)
4~6개	47(42.7)
7~9개	30(27.3)
10개 이상	8(7.3)
합계	109(100.0)

〈표 8-4〉 작성자 지위

지위	N(%)
사장(영업주)	62(58.5)
홀지배인	20(18.9)
조리장	10(9.4)
홀직원	9(8.5)
조리직원	3(2.8)
기타	2(1.9)
합계	106(100.0)

〈표 8-5〉 작성자 성별

성별	N(%)
여	65(60.2)
남	43(39.8)
합계	108(100.0)

〈표 8-6〉 작성자 연령

연령	N(%)
20대	2(1.9)
30대	16(15.0)
40대	47(43.9)
50대	32(29.9)
60대	10(9.3)
합계	107(100.0)

최근에 캐롯몹(Carrotmob) 운동이 새로운 긍정적 구매운동의 하나로 진화하고 있다. 캐롯몹에서 캐롯은 동물을 훈련시키기 위한 전략인 '당근과 채찍'에서 차용하였다. 조련사가 동물을 훈련할 때 원하는 행동을 하면 당근을 주고, 원하지 않는 행동을 하면 채찍으로 때리는 것을 의미한다. 몹은 flashmob에서 차용하였기 때문에 군중을 의미한다. 그러므로 '캐롯몹'은 불매운동과 시위, 소송 같은 공격적 방법 대신 좋은 기업의 물건을 몰아서 사주고 홍보해주는 방식으로 진행하는 소비자운동이라고 할 수 있다.

<그림 8-8>에는 캐롯몹운동의 행위과정이 제시되어 있다. 캐롯몹의 이해관계자는 기업, 활동가 및 소비자이고, 이중에서 핵심은 활동가들이다. 활동가들은 제안, 조직 및 홍보활동을 하고, 운동의 대상이 되는 기업의 운영에 영향을 주면서, 매체에 알리고, 소비자들의 지지를 끌어낸다(Baron 2001; Feddersen and Gilligan 2001; Stern et al(1995). 준비단계에서 활동가들은 운동에 동참할 기업들을 선정한 후에 캐롯몹 경매에 참여할 것인지를 묻는다.

두 번째 단계는 캐롯몹 경매에 동참하기로 한 기업들을 대상으로 하여 사회를 바람직한 방향으로 개선하는 일에 어느 정도 투자할 수 있는지를 입찰

하도록 한다. 이때 기업은 특정 문제를 개선하기 위하여 직접 자금을 제공하는 것 뿐 아니라, 레스토랑이나 카페 등의 경우 앞으로 나트륨을 어느 정도로 줄이겠다, 또는 활동가가 요청하는 문제를 어느 정도로 개선하겠다는 등과 같은 내용도 포함될 수 있다. 활동가는 가장 많이 투자하겠다고 입찰한 기업을 선정하고, 기업과 활동가는 구두 또는 서면 계약을 통해서 그들간의 협약을 수정한다.

세 번째 단계는 행동을 계획하고 실천하는 것이다. 캐롯몹의 행동단계에서는 두 가지 면에서 전통적인 적극적 구매와 뚜렷한 차이가 있다. 첫째, 대상이 되는 기업은 캐롯몹의 일정 및 조직과 같은 다양한 활동에 직접적으로 참여한다. 둘째, 활동가들에 의해 초대된 소비자들은 집단적으로 정해진 짧은 기간동안 대상 기업의 물건을 집단으로 구입한다는 점에서 캐롯몹은 플래시몹의 형태로 이루어진다.

캐롯몹의 마지막 단체는 산출단계이다. 대상이 된 기업은 매출을 늘릴 수 있고, 경매에서 약속한 의무를 이행한다. 이를 통하여 활동가들과 소비자들은 특별한 비용을 들이지 않고도 사회나 환경을 개선시키는 일을 할 수 있다.

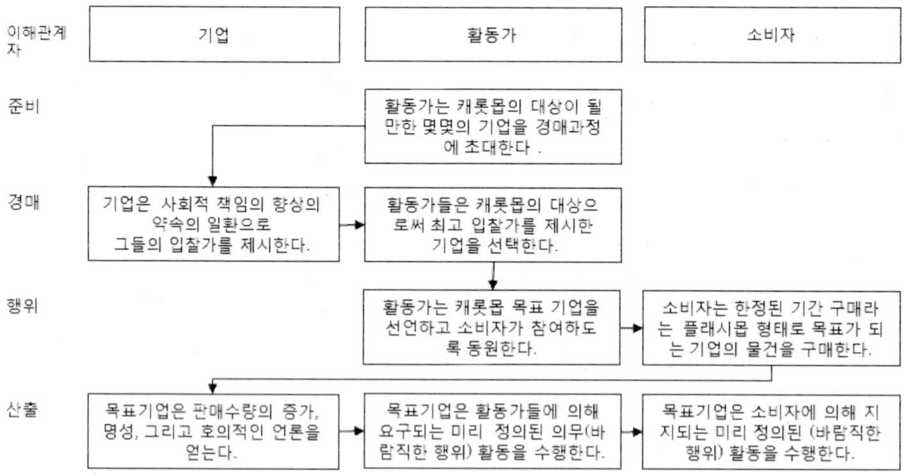

※ 출처 : Hoffman과 Hutter(2011)

〈그림 8-8〉 캐롯몹 행위과정

캐롯몹운동은 2008년 3월 29일에 샌프란시스코에서 시작되었다. 샌프란시스코의 한 동네에 있는 23개의 상점을 대상으로 소비자가 물건을 사면 매출의 몇 %를 친환경 조명기구로 바꾸는데 사용할 것인가를 경매에 부쳤다. 매출의 22%를 친환경 조명 등 시설에 투자하겠다고 제안한 K&D 마트가 입찰되었고, 이러한 사실을 홍보하였다. 친환경에 관심을 가지고 있던 인근의 소비자들이 그 마트로 몰려가 9,200달러의 물건을 대량으로 구매했고, 약속한 대로 K&D 마트는 그날 수입의 22%를 친환경조명기구로 바꾸는데 사용했다. 이렇게 작은 동네에서 시작된 운동은 2009년에 미국의 10개 도시와 핀란드, 프랑스 등 해외까지 확산됐다. 수백 명의 캐롯몹 활동가들이 필라델피아에 모여 이 운동의 전략을 논의했다. 참가자들은 캐롯몹 활동을 알리는 스티커를 붙인 당근을 나눠주는 행사를 열었다. 2011년까지 북미와 남미, 유럽과 아시아, 오스트레일리아에서 100개 이상으로 확대될 정도로 급속도로 확산되었고, 지지자들도 계속 증가하고 있다. <표 8-7>에는 캐롯몹 운동의 예가 제시되어 있다(Hoffman과 Hutter, 2011).

〈표 8-7〉 캐롯몹 운동의 예

점포	도시(국가)	날짜	목표기업	약속(경매)	투자금액	투자
음식점	Hamburg (독일)	2010/10	EDEKA소매점	전체 수익의 15%	US $9,870	에너지효율성 향상
비음식점	Brussels (벨기에)	2009/12	GB Express* Arebergatraat Brussel	추가 수익 100%	US $728	에너지절약측정
미식	Helsinki (필란드)	2008/09	StoryHouse 레스토랑	전체 수익 51%	US $2,642	에너지효율성 (esp.전등, 냉장고)
오락	New York (미국)	2010/01	Peoples Improve Theater	전체 수익 100%	US $1,038	환경친화적 업그레이드

※ 출처 : Hoffman과 Hutter(2011)

창시자인 브렌트 셜킨 씨는 “캐롯몹 활동의 장점은 적을 만들 필요가 없다는 것”이라며 “일반 소비자의 작은 구매력을 모아 협동을 통한 긍정적 에너지를 행사할 수 있다”고 말했다. 주로 에너지 절약과 친환경 투자에 앞장서는 기업들이 주요 대상이다. 캐롯몹활동가들은 홈페이지(carrotmob.org)를 비롯한 각종 인터넷 사이트와 트위터, 동영상 공유사이트인 유튜브를 통해 활동을 적극적으로 홍보하고 있다. 이러한 SNS 서비스가 활성화되면서 캐롯몹의 홍보도 더 빠른 시간에 순식간에 확산되고, 오프라인과 온라인을 통하여 운동의 효과도 더 커질 것이라고 전망할 수 있다. 예를 들면 초기에는 작은 지역에서 이루어졌으나 지역과 국가를 초월하여 운동범위를 확산시킬 수도 있다. 캐롯몹 조직가인 토이 몬테그네로 씨는 "캐롯몹의 개념이 굉장히 빠른 속도로 확산되고 있다"며 "65세 이상의 장년층에서 의외로 빠르고 적극적으로 동참해 주는 것이 놀랍다"고 말했다(dongA.com, 2009년 9월 22일).

캐롯몹운동은 다음과 같은 이유로 미래 정치적인 소비운동을 이끌 매우 영향력있는 전략이 될 것이다. 첫째, 소비자들은 캐롯몹이 매우 짜릿하고 고무적이라고 생각하기 때문에 다른 운동전략보다 더 선호하는 경향이 있다(Heiskanen 등, 2010; Pezzullo, 2011). 둘째, 이 운동에 참여하는 소비자들은 자신들의 과거 소비패턴을 바꿀 필요가 없다는 점이다(Klein 등, 2002; Sen 등, 2011). 마지막으로 이 운동은 참여하는 기업에게 매출을 올릴 수 있는 기회를 주고, 명성도 높여줌으로써 다시 매출확대로 이루어지게 하는 선순환구조를 만들어준다는 점에서 기업이 참여하도록 하는 높은 동기도 제공해준다는 점이다. 보이콧이나 바이콧과 마찬가지로 캐롯몹도 목표가 되는 기업의 행동을 바꾸기 위한 목적으로 활동가들이 조직하여 집단적으로 윤리적 소비를 실천하는 운동이라는 공통점을 가지고 있다(서정희, 2012).

이러한 캐롯몹운동을 나트륨 줄이기에 적용하면 매우 큰 효과를 볼 수 있을 것이다. 특히 글로벌 식품기업이나, 패밀리 레스토랑, 프랜차이즈 업체를 대상으로 하여 UCC와 소셜네트워크 서비스 등을 활용하여 전 세계적으로 시행할 경우 그 파급효과는 더 클 수 있다. 국제소비자기구 등과 협력할 경우 전 세계적으로 효과가 확산될 수 있을 것이다. 나트륨 줄이기 운동본부에 소비자단체의 장이 포함되었으므로 이 운동을 더욱 효율적으로 시도해 볼 수 있을 것이다.

제 9 장

저나트륨 조리 방법과 기술 개발

이 장에서는 나트륨을 줄인 건강음식점에 지정된 후 줄인 나트륨의 양, 저나트륨 조리방법과 기술을 어느 정도로 개발했고 또 사용했는지를 설명할 것이다. 또한 나트륨을 줄이기 위한 노력을 하지 않았다면 그 이유는 무엇인가도 알아보았다.

1. 서론

식당음식에 영양이나 건강 정보표시를 하는 건강증진사업이 소비자들에게 자신이 섭취하는 음식에 대한 정확한 정보를 제공하고 건강증진에 긍정적인 지역사회 환경을 조성한다는 측면에서 효과적인 일차예방 전략이다. Almanza 등(1997)은 외식경영자들 중 일부는 자신의 업소에서 영양 정보를 제공하는 것이 판매량에 부정적 영향을 미칠 것으로 인지하고 있다고 보고하였고, Glanz 등(2007)도 식당에서 건강에 좋은 음식을 만들어 판매하는데 있어 외식경영자들의 우려사항 중 하나가 판매저하라고 보고하였다. 실제로 식당에서 제공하는 음식에 영양정보를 표시할 경우, 소비자들이 알고 있던 것 보다 더 많은 열량과 포화지방을 가진 음식에 대해서는 구매의도가 낮아졌다는 보고가 있다. 그러나 Albright등(1990)은 영양 정보를 제공한 식당의 50%는 판매량이 증가하였고, 나머지 50%는 변화가 없었다고 보고하였고, Perlmutter 등(1997)은 식당에서 지방과 나트륨을 조절한 음식을 판매한 후의 판매 수익성에 유의미한 차이가 없었다고 보고하였다. 이와 같은 외국의 경험에 의하면 건강식당사업이 소비자의 건강증진에는 기여할 수 있으나 경영자의 영업이윤과 관련된 효과에 대해서는 아직 일치된 견해가 없는 실정이라고 하겠다.

식당음식에서 문제가 되는 영양소의 함량을 줄이거나 높이기 위해서는 사용하는 식품의 종류나 조리법을 변경하게 되는데, 외식경영자들의 가장 큰 우려사항은, 식품이나 조리법 등의 변경으로 음식 맛이 저하되어 판매량이 감소하는 것이다. 서울시 외식경영자를 대상으로 한 홍경의와 정효지(2009)의 연구에서도 건강식당사업을 수용할 때 가장 우려하는 것은 업소에서 유지해오던 고유한 음식 맛의 변화라고 지적하였고, 조사대상자의 80%가 고유한 음식 맛을 유지하면서 건강메뉴를 자체적으로 개발할 수 없다고 응답하였다. Macaskill 등(2003)은 실제로 건강식당사업에 참여하고 있는 외식경영자들 중 기존 식당음식의 조리법을 바꿨다고 응답한 경영자는 6% 뿐이었고, 음식의 준비방법을 바꿨다고 응답한 경영자는 약 17%였다고 보고하였다. 그러나 외식경영자들의 우려와 달리 Stubenitsky 등(1999)은 식당음식의 조리방법을 변경해도 소비자들의 음식 수용성에는 영향을 미치지 않았다고 보고하였다. 또한 Sabage와 Johnson(2006)의 연구에 의하면 외식경영자들은 음식에 부착할 영양정보를 표시한 라벨을 생산하는데 소요되는 비용마련과, 건강 메뉴의 생산을 조언을 해줄 수 있는 영양지식을 갖춘 내부인력의 부족도 식당에서 영양 정보표시를 실시하는데 있어 부딪히는 어려움이라고 보고하였다.

<그림 9-1>에는 조리를 할 때 나트륨 함량을 줄이기 위한 관여도가 제시되어 있다. 매우 관여는 4.1%에 불과하였고, 관여는 59.0%를 차지하였다. 보통은 30.6%, 비관여는 5.4%, 전혀 관여하지 않는 사람도 0.8%를 차지하였다. <그림 9-2>에서 나트륨 섭취량에 신경쓰지 않는 이유를 보면 조리자의 49.8%가 맛을 중시하기 때문이며, 30.7%는 방법을 알지만 어려워서, 19.2%는 방법

을 모르기 때문이라고 응답하였다.

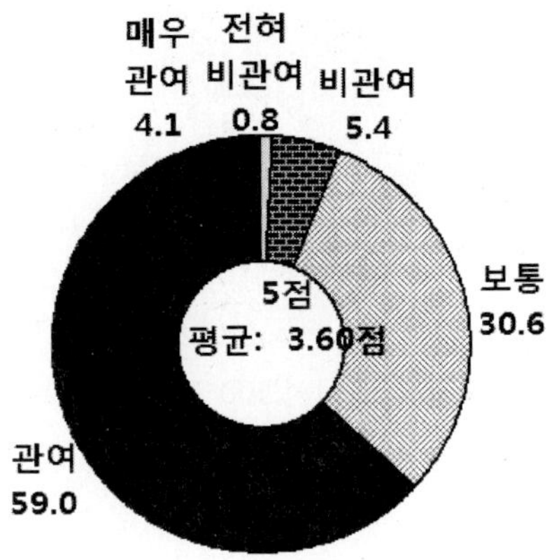

(Base: 조리자, N=708, 단위: %)

※ 출처 : 식품의약품안전처

〈그림 9-1〉 조리 시 나트륨 함량 감소를 위한 관여도

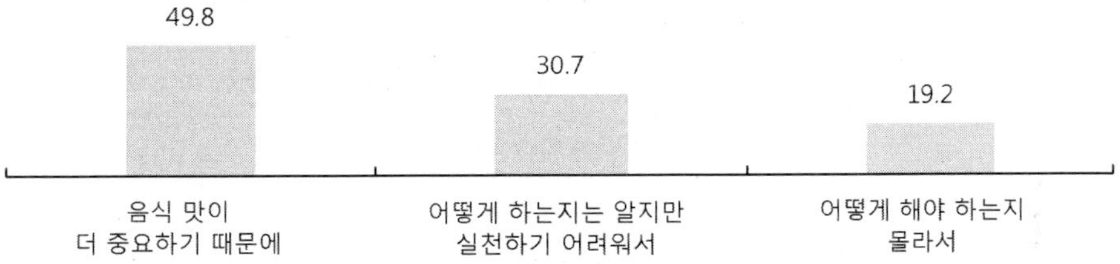

(Base : 나트륨 비관여자, N=261, 단위 : %, 중복)·주요 응답만 제시

※ 출처 : 식품의약품안전처

〈그림 9-2〉 조리 시 나트륨을 신경 쓰지 않는 이유

<그림 9-3>에서 음식을 섭취할 때 나트륨 관여도를 보면 매우 관여는 2.9%에 불과하였고, 42.3%가 관여한다고 하였고, 보통이 42.9%, 비관여는 9.8%, 전혀 관여하지 않는 사람도 2.1%가 되었다. <그림 9-4>를 보면 나트륨 섭취량에 신경쓰지 않는 이유로는 섭취자의 53.5%가 맛을 중시하기 때문이며, 24.6%는 방법을 몰라서, 21.0%는 방법을 알지만 실천하기 귀찮아서인 것으로 나타났다.

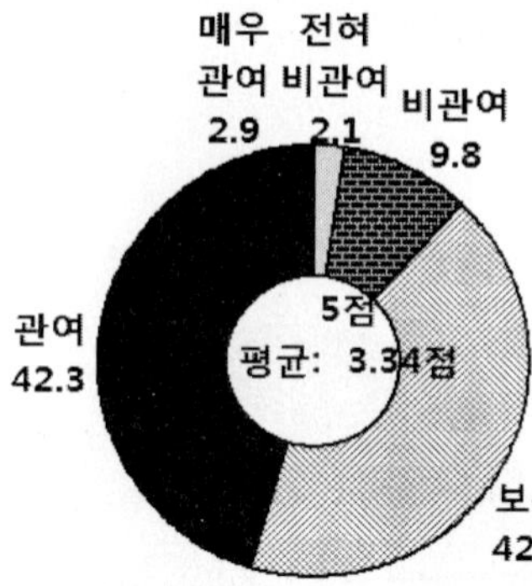

(Base: 전체, N=1,500, 단위: %, 중복)

〈그림 9-3〉 섭취 시 나트륨 섭취 감소를 위한 관여도

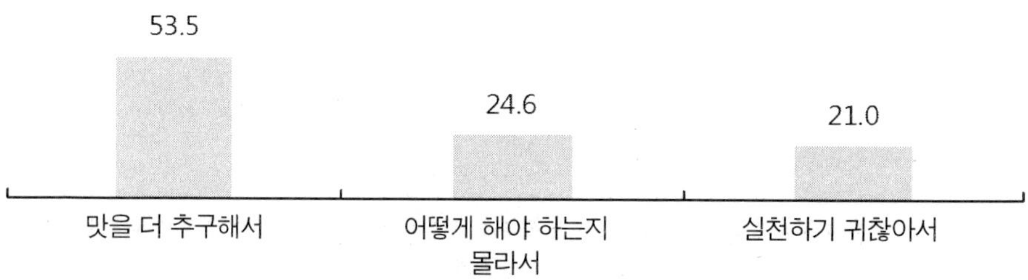

(Base: 나트륨 비관여자, N=822, 단위: %, 중복) 주요 응답만 제시

〈그림 9-4〉 섭취 시 나트륨을 신경 쓰지 않는 이유

2. 나트륨 줄이기 건강음식점 참여 후 줄인 나트륨의 양

<그림 9-5>에는 나트륨 줄이기 건강음식점으로 지정된 후에 식당이 싱겁게 하려고 노력한 정도가 제시되어 있다. 보통이라고 응답한 식당이 39%로 가장 많았고, 약간 노력하였다가 34%로 두 번째로 많았고, 많이 노력하였다는 23%로 나타났고, 전혀 노력하지 않았다도 4%나 되었다. 나트륨 줄이기 참여 건강음식점 지정이 효과를 거두기 위해서는 지정으로 끝나는 것이 아니라, 지정한 후에도 주기적으로 모니터링을 하고, 식당 관계자들을 대상으로 계속해서 교육과 홍보를 실시해야 할 것이다. <그림 9-6>에서 보면 나트륨 줄

이기 건강음식점 지정 후에 줄이게 된 양념을 보면 소금이 70%로 가장 많았고, 그 다음은 간장으로 11%를 차지하였고, 된장은 10%, 인공조미료 7%, 고추장 2%로 나타났다.

<그림 9-7>에는 저나트륨 식재료를 사용할 의사를 알아본 결과가 제시되어 있다. 보통이라고 응답한 식당이 38%로 가장 많았고, 약간이라고 응답한 식당이 36%로 두 번째로 많았다. 저나트륨 식재료를 많이 사용하겠다고 한 식당은 16%에 불과하였고, 10%는 사용할 의사가 없다고 하였다. <그림 9-8>에는 양념을 계량하는 정도가 제시되어 있다. 32%가 항상한다고 하였고, 31%는 보통이라고 하였고, 23%는 가끔 한다고 하였으나, 하지 않는 경우도 10%가 되었다.

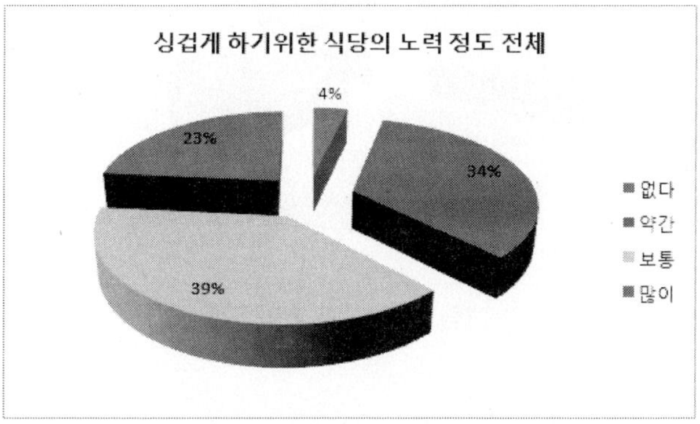

〈그림 9-5〉 싱겁게 하기 위한 식당의 노력

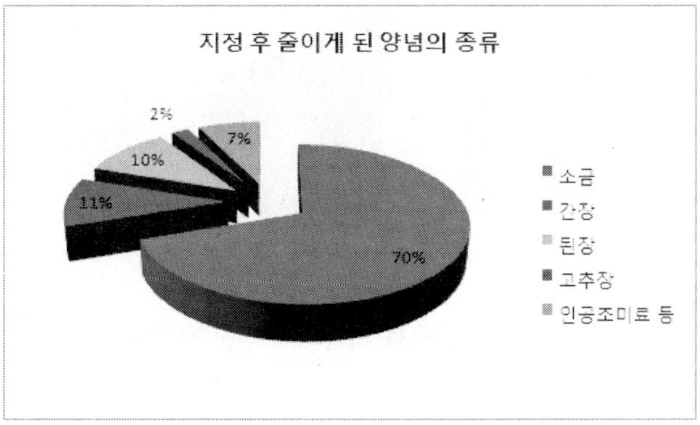

〈그림 9-6〉 지정후 줄이게 된 양념 정도

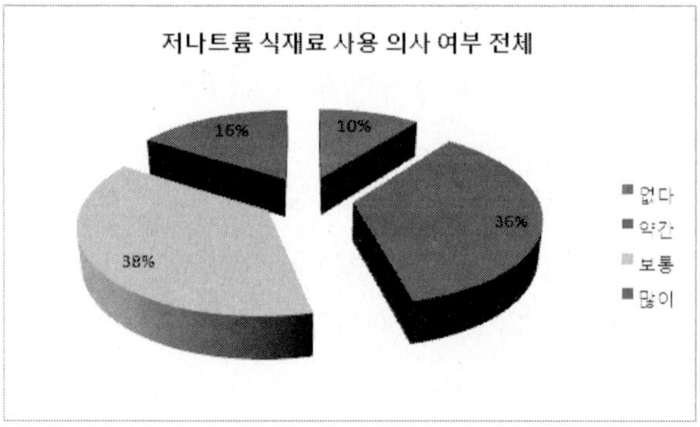

〈그림 9-7〉 저나트륨 식재료 사용 의사 여부

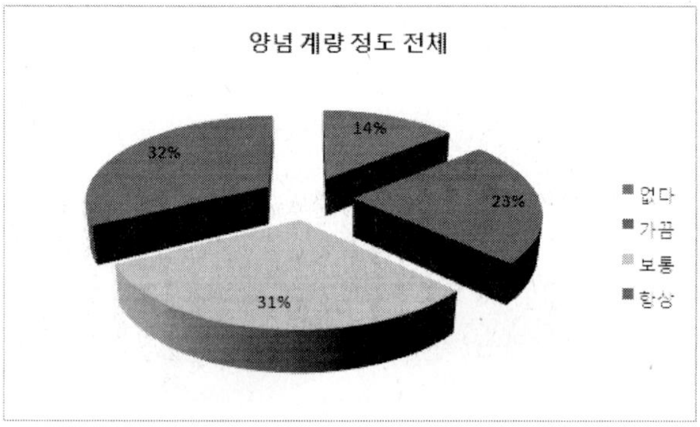

〈그림 9-8〉 양념 계량 정도

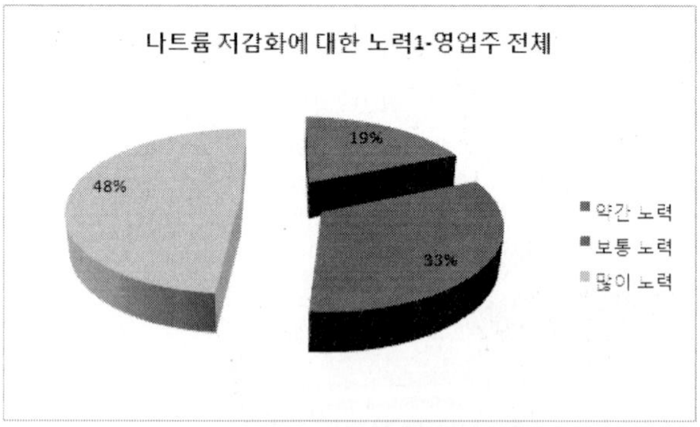

〈그림 9-9〉 나트륨 저감화에 대한 전체노력

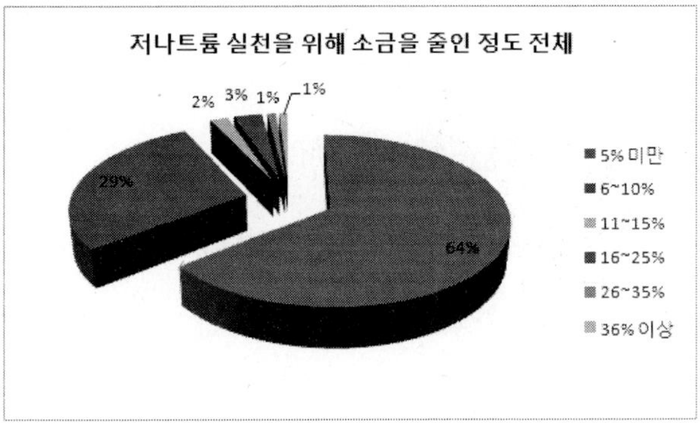

〈그림 9-10〉 소금을 줄인 정도

<그림 9-9>에는 나트륨 저감화에 대한 전반적인 노력의 정도가 제시되어 있다. 많이 노력한다고 응답한 식당이 48%로 가장 많았고, 보통이라고 한 식당은 33%로 두 번째로 많았고, 19%는 약간 노력한다고 하였다. <그림 9-10>에서 소금을 줄인 정도를 보면 5% 미만을 줄인 곳이 64%로 가장 많았고, 6~10%를 줄인 곳이 29%를 차지하였다. 16~25%를 줄인 곳이 3%, 11~15%를 줄인 곳은 2%, 26~35%와 36% 이상을 줄인 곳도 각각 1%를 차지하였다.

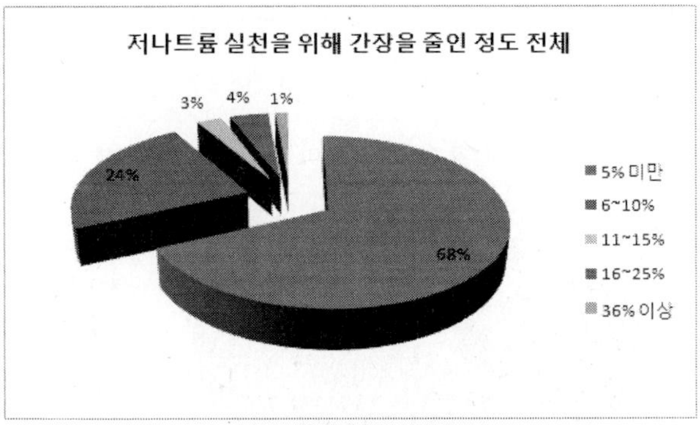

〈그림 9-11〉 간장을 줄인 정도

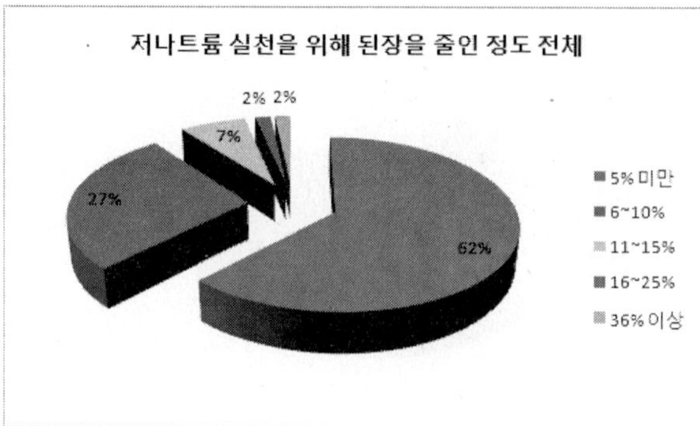

〈그림 9-12〉 된장을 줄인 정도

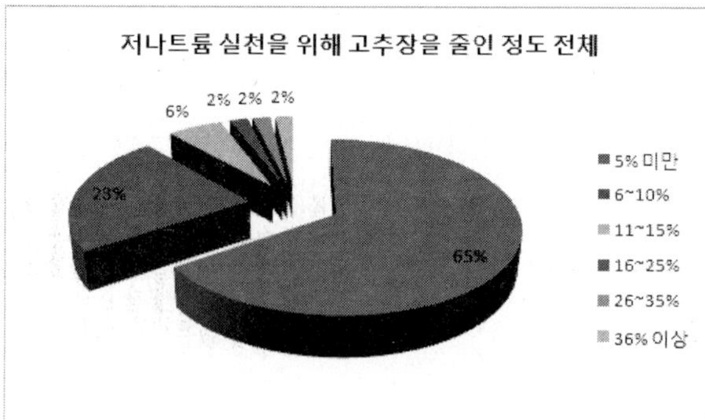

〈그림 9-13〉 고추장을 줄인 정도

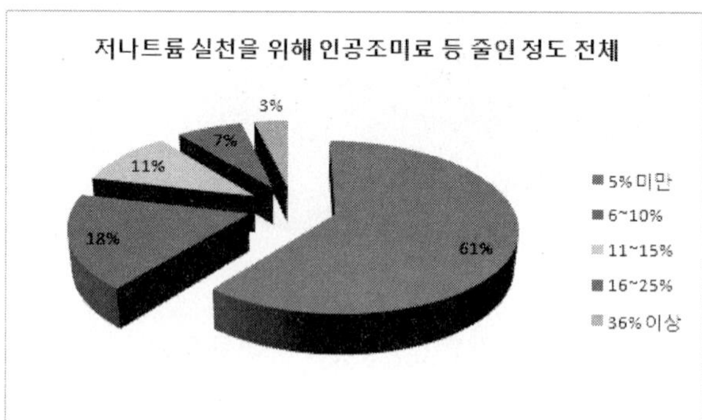

〈그림 9-14〉 인공조미료를 줄인 정도

<그림 9-11>에서 간장을 줄인 정도를 보면 5% 미만을 줄인 곳이 68%로 가

장 많았고, 6~10%를 줄인 곳이 24%를 차지하였다. 16~25%를 줄인 곳은 4%, 11~15%를 줄인 곳은 3%, 36% 이상을 줄인 곳은 1%를 차지하였다. <그림 9-12> 된장을 줄인 정도를 보면 5% 미만을 줄인 곳이 62%로 가장 많았고, 6-10%를 줄인 곳이 27%를 차지하였다. 7%는 16~25%를 줄였고, 26~35, 36% 이상을 줄인 곳도 각각 2%를 차지하였다. <그림 9-13> 고추장을 줄인 정도를 보면 5% 미만을 줄인 곳이 65%로 가장 많았고, 6-10%를 줄인 곳이 23%를 차지하였다. 11~15%를 줄인 곳은 6%, 16~25%, 26~35, 36% 이상을 줄인 곳도 각각 2%를 차지하였다. <그림 9-14> 인공조미료를 줄인 정도를 보면 5% 미만을 줄인 곳이 61%로 가장 많았고, 6~10%를 줄인 곳이 18%를 차지하였다. 11~15%를 줄인 곳은 11%, 16~25%를 줄인 곳은 7%, 36% 이상을 줄인 곳은 3%를 차지하였다. 전반적으로 보면 인공조미료와 된장을 줄인 비율이 가장 많았다.

3. 저나트륨 음식을 만들기 위하여 사용한 전략

<표 9-1>에는 저나트륨 음식의 맛 유지하기 위하여 사용한 방법이 제시되어 있다. 소금 등 양념을 줄인 것이 78.4%로 가장 많았는데, 지역별로 보면 충청도가 86.1%로 가장 많았다. 두 번째는 멸치, 다시마, 무 등을 이용한 육수를 사용하는 것으로 53.2%를 차지하였고, 지역별로도 충청도가 58.3%로 가장 많았다. 세 번째는 조리 할 때 간을 적게하고 양념을 따로 제공하는 것으로 35.1%를 차지하였고, 충청도는 서울의 25.0%에 비하여 거의 두배인 50.0%를 차지하였다. 네 번째는 국이나 찌개의 국물 양을 줄이는 것인데 29.7%를 차지하였는데, 서울과 경상도 지역에 비하여 큰 차이는 없으나, 앞에서 이용한 방법에 비하여 충청도가 27.8%로 가장 적었다. 소금을 줄이고 간장이나 된장, 고추장을 늘리는 것은 18.9%, 재료에 양념해서 오래 재워 두지 않는 방법은 16.2%, 재료의 짠 맛을 씻어 내거나 우려내고 조리하는 방법은 13.5%, 1인분의 음식량을 줄이는 방법은 10.8%, 단맛 추가는 6.3%, 신맛 추가는 5.4%를

차지하였다. 아무 방법도 사용하지 않는 것도 2곳이나 되었다. <표 9-2>에는 나트륨 줄이기 건강음식점이 나트륨을 줄이고 맛을 유지하기 위하여 사용하였다고 밝힌 조리방법을 정리하여 제시하였다. 전반적으로 짠 맛을 줄이는 대신 다른 맛을 내기 위한 노력을 하고 있다고 볼 수 있다.

〈표 9-1〉 저나트륨 음식의 맛 유지 방법

N(%)

조리 방법	서울	충청	경상	전체
소금 등 양념을 줄임	29(74.4)	31(86.1)	27(75.0)	87(78.4)
멸치, 다시마, 무 등을 이용한 육수를 사용	20(51.3)	21(58.3)	18(50.0)	59(53.2)
조리 할 때 간을 적게하고 양념을 따로 제공	10(25.6)	18(50.0)	11(30.6)	39(35.1)
국이나 찌개의 국물의 양을 줄임	12(30.8)	10(27.8)	11(30.6)	33(29.7)
소금을 줄이고 간장이나 된장, 고추장을 늘림	10(25.6)	6(16.7)	5(13.9)	21(18.9)
기타 방법	7(17.9)	6(16.7)	7(19.4)	20(18.0)
재료에 양념해서 오래 재워 두지 않음	5(12.8)	7(19.4)	6(16.7)	18(16.2)
재료의 짠 맛을 씻어 내거나 우려내고 조리	4(10.3)	5(13.9)	6(16.7)	15(13.5)
1인분의 음식량을 줄임	2(5.1)	5(13.9)	5(13.9)	12(10.8)
단맛 추가	2(5.1)	3(8.3)	2(5.6)	7(6.3)
신맛 추가	1(2.6)	2(5.6)	3(8.3)	6(5.4)
아무 방법도 사용하지 않음	1(2.6)	1(2.8)	0(0.0)	2(1.8)

〈표 9-2〉 건강음식점이 나트륨을 줄이고 맛을 유지하기 위하여 사용한 조리방법

나트륨을 적게(고추장 된장 소금) 숙성해서 조리한다.
소스에 오래재어두지 않고 즉석해서 양념한다.
양념은 각자가 한다.
저나트륨을 하면서 여러가지 자연식품으로 기본 육수를 만들고 있습니다.
파, 마늘, 양파 등으로 소금을 2/3 으로 줄인다.
설렁탕 이므로 가마솥에 넣고 끓인 후 위 재료를 넣고 국물을 우려낸다.
인공조미료 사용을 줄이고 육수량을 늘렸다.
특별한 제조방법은 없고 소금의 양만 줄였다.
저희 업소에서는 소금이 아닌 100% 천일염을 사용한다.
조리할 때 양념간을 적게하고 심심하게 요리한다.

소금을 적게 넣으려 노력한다. 그래도 조금 넣어서 조리한다.
육수 사용시 천연재료를 보강하여 오래 끓인다.
조리할때 간을 적게하고 양념을 따로 제공한다.
육수를 많이 내어서 한다.
식탁위에 소금통을 배치한다.
소금 적게 넣는다.
전체적으로 소금의 양과 설탕의 양을 줄였으며 고추장, 된장, 간장을 쓰지 않으며 고춧가루 양을 좀 더 늘렸고 육수를 보충 하였다.
아구찜 : 계량컵을 이용한다.
국물의 양을 줄임. 모든 재료를 저울에 달아서 요리한다.
평소에 나트륨 줄이기에 항상 신경쓰며 고객의 취향에 따라 기호가 틀리므로 거의 자연식품으로 조미료를 만들어서 사용하므로 특별히 나트륨줄이기 이후에 변화는 적음. 단, 나트륨줄이기 참여 후 고객의 인식은 좋아졌다.

<표 9-3>에는 나트륨 줄이기를 실천하기 위하여 육수 또는 양념장에 사용한 방법이 제시되어 있다. 가장 많이 사용하고 있는 방법은 다시마, 멸치, 새우, 무, 과일 등의 육수를 이용하는 방법으로 66.7%가 이용하고 있었는데, 서울이 71.8%로 경상도의 61.1%에 비하여 10% 정도 높았다. 두 번째는 양념에 육수 등을 넣어서 짠 맛을 희석하는 방법으로 29.7%가 이용하고 있었다. 충청도는 41.7%가 이 방법을 이용함으로써 서울의 23.1%보다 훨씬 더 높았다. 세 번째는 과일을 갈아서 첨가하여 소스로 사용하는 방법으로 27.0%, 네 번째는 매실액 등 과일 발효액을 넣는 방법으로 19.8%를 차지하였다. 충청도가 다른 지역에 비하여 세 번째와 네 번째로 많이 사용하는 방법들을 더 많이 이용하고 있었다. 버섯이나 채소 등으로 만든 가루 첨가하는 방법은 16.2%, 양념에 신맛이나 단맛 추가하는 것은 14.4%, 된장이나 고추장 소스에 콩가루, 견과류 등을 다져서 넣는 방법은 10.8%를 차지하였다. <표 9-4>에는 건강음식점이 제시한 나트륨 줄이기 위하여 육수나 양념장의 조리방법이다. 나트륨을 줄인 육수와 양념장을 만들기 위하여 사용하고 있는 방법도 짠 맛 이외의 맛을 내는 재료를 사용함으로써 짠 맛을 줄이고도 맛을 유지할 수 있는 것이라는 것을 알 수 있었다.

〈표 9-3〉 저나트륨 실천을 위한 육수 또는 양념장에 사용한 방법

N(%)

	서울	충청	경상	전체
다시마, 멸치, 새우, 무, 과일 등의 육수 이용	28(71.8)	24(66.7)	22(61.1)	74(66.7)
양념에 육수 등을 넣어서 짠 맛을 희석	9(23.1)	15(41.7)	9(25.0)	33(29.7)
과일을 갈아서 첨가하여 소스로 사용	9(23.1)	14(38.9)	7(19.4)	30(27.0)
매실액 등 과일 발효액을 넣음	4(10.3)	11(30.6)	7(19.4)	22(19.8)
버섯이나 채소 등으로 만든 가루 첨가	5(12.8)	8(22.2)	5(13.9)	18(16.2)
양념에 신맛이나 단맛 추가	1(2.6)	6(16.7)	9(25.0)	16(14.4)
기타 방법	5(12.8)	4(11.1)	4(11.1)	13(11.7)
된장이나 고추장 소스에 콩가루, 견과류 등을 다져서 넣음	3(7.7)	4(11.1)	5(13.9)	12(10.8)

〈표 9-4〉 건강음식점이 제시한 나트륨 줄이기 위하여 육수나 양념장의 조리방법

국물양을 줄임
저나트륨을 하면서 여러가지 자연식품으로 기본 육수를 만들고 있음
파, 마늘, 양파 등으로 소금을 2/3 으로 줄임
나만의 방법
육수를 우릴때 천연재료양을 늘리고 양념장에 과일양을 늘림
소금은 줄이고 있음
다른 양념 첨가하지 않음
주로 야채를 사용 예) 파, 양파, 청양고추, 고추씨 등
적게 사용하고 따로 준비
끓는 물에 고기를 삶고 따로 양념을 제공
사골육수 자체만 사용
양념을 별도로 제공
나트륨이 적게 들어감
육수 국물을 이용
육수에 (마른멸치, 무우, 양파, 대파뿌리 등을 사용) 조미료는 자연식품을 (말린것) 갈아서 된장, 소금과 함께 숙성해서 찌개를 끓임

<표 9-5>에는 나트륨을 줄이지 않은 이유가 제시되어 있다. 싱거워진 음식에 대한 고객 불만이 17.3%로 가장 많았는데, 특히 충청도는 서울에 비하여 3배가 되었다. 다른 조미료 제조에 따른 시간과 기술 부족은 10.0%, 조리사 또

는 조리종사자의 불만은 9.1%, 다른 조미료 사용에 따른 비용 증가는 6.4%를 차지하였다. <표 9-6>에는 건강음식점에서 제시한 나트륨을 줄이기 어려운 이유가 제시되어 있다. "소금 및 양념을 줄일수 있으나 음식량을 줄이기는 힘들다.", "소금을 적게 넣으니까 옛날 맛과 다르다고 한다.", "싱거우면 맛이 없다함." 등이 중요한 이유이다. 이 결과는 서론에서 밝힌 선행연구의 결과와 거의 일치한다고 볼 수 있다. 그러므로 나트륨 줄이기 건강음식점 사업을 성공적으로 수행하기 위해서는 소비자들이 짜고 강한 음식 대신에 순하고 부드러운 음식이 더 건강에 좋다는 점을 인식할 수 있도록 소비자들에게 영양교육과 함께 홍보도 강화해야 할 것이다. 우리가 흔히 싱겁다라는 말을 맛이 없다와 거의 유사하게 인식하고 있는 경우가 많다. 그러므로 '싱겁다'라는 말 대신에 '삼삼하다'라는 용어를 사용하는 방법도 고려해 볼 수 있을 것이다.

〈표 9-5〉 나트륨을 줄이지 않은 이유

N(%)

	서울	충청	경상	전체
싱거워진 음식에 대한 고객 불만	3(7.9)	9(25.0)	7(19.4)	19(17.3)
다른 조미료 제조에 따른 시간과 기술 부족	7(18.4)	3(8.3)	1(2.8)	11(10.0)
조리사 또는 조리종사자의 불만	9(23.7)	1(2.8)	0(0.0)	10(9.1)
다른 조미료 사용에 따른 비용 증가	2(5.3)	3(8.3)	2(5.6)	7(6.4)

〈표 9-6〉 건강음식점에서 제시한 나트륨을 줄이기 어려운 이유

소금 및 양념을 줄일수 있으나 음식량을 줄이기는 힘들다.(고객의 항의가 간혹 있다)
소금을 적게 넣으니까 옛날 맛과 다르다고 한다.(밋밋하다)
손님들이 양념을 첨가하지 않는 경우 양념을 따로 제공한다.
싱거우면 맛이 없다고 한다.

<표 9-7>에는 저나트륨 음식을 조리할 때 사용하는 방법에 따르는 애로사항이 제시되어 있다. 조리 할 때 간을 적게 하고 양념 따로 제공이 28.8%, 소금 등 양념을 줄임이 27.9%로 가장 애로사항이 많았다. 간을 적게 하고 양념을 따로 제공하는 경우 음식이 맛이 없을까봐 걱정이 되고, 양념을 따로 제공

하는 것은 여러 가지로 번거로운 일일 수 있기 때문이다. 멸치, 다시마, 무 등을 이용한 육수를 사용과 1인분의 음식량을 줄이는 것은 둘다 18.0%, 국이나 찌개의 국물의 양을 줄임은 17.1%로 나타났다. 소금을 줄이고 간장이나 된장, 고추장을 늘리는 것은 13.5%, 재료의 짠 맛을 씻어 내거나 우려내고 조리하는 것은 8.1%, 재료에 양념해서 오래 재워두지 않는 방법은 5.4%로 나타났다. 전반적으로 소금을 줄이는 것은 비용이 더 많이 들고 손이 더 가는 방법이기 때문에 애로사항을 더 많이 느낀다고 볼 수 있다. <표 9-8>과 <표 9-9>에는 나트륨(소금 혹은 조미료 등)을 줄이거나 조리방법을 바꾼 사례가 제시되어 있다. 전반적으로 소금 사용량이 줄었고, 소비자들도 좋아한다는 반응이 많았다.

〈표 9-7〉 저나트륨 음식 조리를 위해 사용하는 방법에 따른 애로사항

N(%)

	서울	충청	경상	전체
조리 할 때 간을 적게 하고 양념 따로 제공	11(28.2)	10(27.8)	11(30.6)	32(28.8)
소금 등 양념을 줄임	11(28.2)	6(16.7)	14(38.9)	31(27.9)
멸치, 다시마, 무 등을 이용한 육수를 사용	12(30.8)	2(5.6)	6(16.7)	20(18.0)
1인분의 음식량을 줄임	11(28.2)	5(13.9)	4(11.1)	20(18.0)
국이나 찌개의 국물의 양을 줄임	5(12.8)	7(19.4)	7(19.4)	19(17.1)
소금을 줄이고 간장이나 된장, 고추장을 늘림	6(15.4)	3(8.3)	6(16.7)	15(13.5)
재료의 짠 맛을 씻어 내거나 우려내고 조리	1(2.6)	3(8.3)	5(13.9)	9(8.1)
재료에 양념해서 오래 재워두지 않음	3(7.7)	1(2.8)	2(5.6)	6(5.4)
기타 사항	0(0.0)	3(8.3)	1(2.8)	4(3.6)

〈표 9-8〉 나트륨(소금 혹은 조미료 등)을 줄이거나 조리방법을 바꾼 사례-1

소금을 적게 사용하면서 절인 시간을 좀 더 길게 둔다. 30일 기준으로 2포대 사용 했던 것을 50일에 2포대 정도 사용한다.
소금양을 1/4 정도 줄여 넣는다.
육수를 기본으로 할때, 소금을 미리 소량 넣어 쓴다. 후에 소금 및 고추장 등을 별도로 사용하게 한다.
소금양이 1/3으로 줄었다.
소금 2포대 12일 사용에서 2주로 연장됐다.

육수를 이전보다 줄였다
기존과 그대로 조미료 양을 줄였다.
소금 30kg 구입하면 3달 사용(기존 2달)했다.
기존에 쓰던 소금과 조미료를 2배 정도 오래 쓴다.
소금과 조미료가 평소보다 30%정도 남았다.
조미료 사용량을 줄였다.
소금 1포대가지면 한달 정도 사용했으나 지금은 한달 반에서 2달 정도 사용했다.
레시피가 소금을 거의 안쓰는 방법이다.
크게 많은 양을 줄이고 있지는 않기에 더 오래 쓰거나 손님의 반응이 크지 않다.
되도록이면 조미료를 첨가하지 않고 소금의 양을 줄였다.
요즘은 음식들을 대체로 싱겁게 드시니 반응은 좋고 소금의 양도 줄어드니 경비 절감이 된다.
낙지철판이나 쭈삼철판볶음을 조리할 때 기존 조리방법인 재료를 양념에서 숙성시키는 조리법에서 주문 양에 따라 즉석해서 재료를 양념하여 제공한다.
바꾸진 않고 저염 소금으로 바꿨다.
저염식사를 위해 따로 저염소금을 놓는다.

〈표 9-9〉 나트륨(소금 혹은 조미료 등)을 줄이거나 조리방법을 바꾼 사례-2

소금 및 조미료를 전에비해 오래 사용한다.
소금양을 줄였다.
순두부 국물양을 줄였다. (다데기 일부 줄임)
된장양을 조금 줄였다.(5%정도)
소금 및 간장등을 전보다 오래 사용한다.
소금 및 조미료를 오래 사용한다.
소금 및 조미료 사용을 줄였다.(오래 사용한다)
고추장,간장을 줄여 1달 쓰던것을 1달 10일정도 쓴다.
소금, 간장, 된장의 기존 사용량을 줄이고 대신 천연 재료를 이용해 나트륨줄이기에 노력하고 있다.
소금 1포대 (30kg)를 세달 사용한다.
소금, 간장을 사용하기 보다 메뉴의 간을 식재료(배추김치)를 이용하여 나트륨을 줄이고 있다.
전에 사용한 소금 사용량보다 50%정도 줄었다.
간장게장 육수(간장소스)를 예전에는 게와 국물이 거의 한통씩 사용되었는데 요즘에는 1/3이상 국물이 남아 버리고 있습니다.
소금, 된장, 고추장등 발주시기가 길어졌다.(30%정도 절감)
소금 및 양념류 약 30% 줄인것 같다.

소금을 건조하여 사용한다.
모든 조미료 사용기간이 길어졌다.
소금(조미료)를 줄이고 매실액이나 과일을 갈아 넣고 있다.
소금 사용량과 인공조미료를 대폭 줄여 사용하였다.
양념을 따로 준다.
소금과 간장의 양을 조금씩 줄인다.
정확한 양은 모르겠으나 소금과 기타 나트륨 성분은 현저히 줄였다.
소금, 간장, 된장 양을 줄여서 사용한다.
평소에도 고객의 건강을 고려해서 육수 자연 조미료를 직접 만들어서 사용한다. 생소금은 숙성을 해서 직접 바로 조미료로 쓰지 않기 때문에 큰 변화가 없다.
소금을 매우 적게 쓰는 편이다.(예 : 1포, 3개월에서 4개월 정도)
소금 대신 들깨가루 사용한다.
조미료 등을 한 달 썼던 것을 한 달 반으로 오래 사용한다.

제 10 장

저나트륨 메뉴에 대한 고객만족과 매출의 변화

이 장에서는 나트륨을 줄인 메뉴를 제시하고, 저나트륨 메뉴에 대한 고객의 반응과 만족, 매출의 변화에 관하여 설명하였다.

1. 서론

짠맛에 대한 선호는 사람마다 지역마다 다른 것으로 밝혀졌다. 실제로 연구에서도 본인은 싱겁게 먹는다고 인식하고 있음에도 불구하고 실제로는 매우 짜게 먹고 있었다. 그러므로 나트륨 줄인 건강음식점을 효율적으로 운영하기 위해서는 과학적이고 객관적인 방법으로 음식에 포함되어 있는 나트륨 함량을 조사하여 표시를 하게 하고, 소비자가 음식점이나 음식을 선택할 때 이 표시가 중요한 기준의 하나가 될 수 있어야 한다. <표 10-1>에 의하면 외식업체의 영양표시를 본 다음 건강 메뉴로 바꾸겠다는 응답자들은 전체의 87.8%로 대다수를 차지 하였다. 여성과 기혼자, 유자녀자, 건강에 관심이 많을수록 건강 메뉴로 변경하겠다는 의도가 높았다. <표 10-2>에서 건강 메뉴로의 변경 의도를 밝힌 응답자 들에게 어떤 방식으로 메뉴를 변경하겠냐는 질문에 대해 51.4%의 응답자들이 '맛과 가격을 모두 고려해보고 메뉴를 결정' 하겠다고 밝혔고, 오직 5.9%의 응답자들만이 맛과 가격에 상관없이 메뉴를 변경하겠다고 밝혀 단순히 영양이 풍부한 건강 메뉴로는 외식 소비자의 결정을 바꿀 수 없음을 알 수 있다. 맛도 있고, 가격도 적당하다는 전제 조건이 충족되어야 영양이 풍부한 건강 메뉴로의 이동이 실현 가능한 것이다(전상민외, 2009).

〈표 10-1〉 외식업체 영양표시로 인한 건강 메뉴로의 변경 의도

빈 도(%)		있음	없음	총합	x^2
전체응답자 (N=1044)		917(87.8)	127(12.2)	1044(100.0)	
성별	남	437(84.0)	83(16.0)	520(100.0)	13.98* * *
	여	480(91.6)	44(8.4)	524(100.0)	
결혼 여부	기혼	407(91.3)	39(8.7)	598(100.0)	8.53* *
	미혼	510(85.3)	88(14.7)	446(100.0)	
자녀 여부	있음	380(91.3)	35(8.7)	416(100.0)	7.98*
	없음	537(85.5)	91(14.5)	628(100.0)	
건강 관심도	상	312(96.6)	11(3.4)	323(100.0)	56.79* * *
	중	576(85.5)	98(14.5)	674(100.0)	
	하	29(61.7)	18(38.3)	47(100.0)	

*P 〈 .05, * *p 〈 .01, * * *p 〈 .001

※ 출처 : 전상민 외(2009)

〈표 10-2〉 외식업체 영양표시로 인한 건강 메뉴 변경 방식

구분	빈 도(%)
맛과 가격을 모두 고려해보고 메뉴 변경	471(51.4)
맛을 고려해보고 메뉴 변경	291(31.7)
가격을 고려해보고 메뉴 변경	101(11.0)
맛과 가격에 상관없이 메뉴 변경	54(5.9)
계	917(100.0)

※ 출처 : 전상민 외(2009)

<표 10-3>에서 건강 메뉴로의 변경 의도를 밝힌 응답자들에게 수용 가능한 건강 메뉴 가격의 인상률은 질문한 결과, 평균 12.93%의 가격 인상은 수용할 수 있다고 하였다. 구체적으로 살펴보면, 6-10% 인상을 수용하겠다는 소비자가 가장 많았고, 그 다음은 16~20%, 1~5% 순으로 나타났다. 20%를 넘는 가격

인상에 대해서는 8.2%만이 수용가능하다고 응답하였다. 그러므로 아무리 건강과 영양을 고려하여 개발된 새로운 메뉴라도 맛이 없거나 너무 비싸면 구매 의도가 높지 않다는 점을 알 수 있었다. 특히 소비자들은 기존 입맛에 익숙해 있기 때문에 하루아침에 자신의 입맛을 포기하기가 쉽지 않다는 점을 염두에 두고 다양한 방식의 교육과 홍보가 선행되어야 한다. 특히 패스트푸드점을 이용할 때에는 항상 즐겨 먹는 메뉴가 정해져 있기 때문에 영양표시를 보고 메뉴를 바꾸는 것이 쉽지 않다고 볼 수 있다(전상민 외, 2009). Lando & Wolfe(2007)도 포커스그룹인터뷰에서 응답자들이 건강 메뉴가 일반 메뉴에 비해 더 비싸고 맛이 없을 것이라는 우려를 표명했다고 밝혔다.

〈표 10-3〉 외식업체 영양표시로 인한 건강 메뉴 수용 가격 인상률

항 목	구 분	빈 도 (%)	평균(5점 만점)	최빈값	표준편차
수용 가능한 가격 인상률	0	67(7.3)	12.93	10	10.55
	1~5	154(16.8)			
	6~10	372(40.6)			
	11~15	70(7.6)			
	16~20	178(19.4)			
	21이상	75(8.2)			
계	916(100.0)				

※ 출처 : 전상민 외(2009)

무엇보다 중요한 점은 대중매체에서 자주 방송되고 있는 다양한 맛집을 소개하고 있는 프로그램에서 건강보다는 지나치게 맛을 강조하고, 맛을 내는 성분으로 음식점 주인 또는 주방장의 비법이라는 미명으로 흔히 성분이나 재료를 밝히지 않고 10개 또는 심한 경우 20가지 이상의 각종 양념이나 맛을 내는 재료를 섞는 것을 좋게 보도하는 행태를 바꾸도록 해야 한다. 이를 위해서는 소비자들에게 진짜 맛있고 건강에 좋은 음식의 맛은 강한 맛이 아니라 신선하고 몸에 좋은 식재료를 사용하고 식재로 본연의 맛을 살린 음식이라는 점을 홍보해야 할 것이다. 소비자들의 입맛이 바뀌어야 음식점의 행태도 바뀔 수 있기 때문이다. 또한 일반적으로 소비자들은 '심심하다' 라는 표

현은 '맛이 없다'로 이해하고 있는 경우가 많이 있기 때문에 심심하다라는 표현대신에 음식 맛이 조금 싱거운 듯 하면서 맛이 있다는 것을 의미하는 '삼삼하다' 라는 용어를 언론에서 사용할 수 있도록 하는 방법도 고려해야 한다.

현재 외식 소비자들은 외식업체의 영양표시에 대한 인지도가 높지 않을 뿐 아니라, 맛과 청결, 가격 등을 보다 더 중요하게 생각하는 태도 때문에 영양표시에 대한 관심이 높지 않았다. 단순히 영양표시를 하는 것만으로는 소비자의 호응을 이끌어내기 쉽지 않기 때문에 적정 수준의 가격과 나트륨을 줄이고도 맛을 유지할 수 있는 건강메뉴를 개발하도록 노력해야 한다. Keystone 보고서(2006)에서도 패스트푸드점과 같이 영양에 대한 소비자의 기대치가 낮고, 소비자가 우려하는 열량과 지방 함량이 높은 메뉴가 많은 외식업체의 경우, 영양표시 때문에 매출이 감소될 우려까지 있다고 지적하였다. 따라서 정부와 관련 기관은 맛있고 비싸지 않은 건강메뉴를 개발하여 매출을 증대시키고 브랜드 이미지를 제고하는 효과를 적극 홍보하여야 한다. 이를 위해서는 건강 메뉴 개발의 효과를 입증하는 다양한 객관적이고 과학적인 조사 결과와 분석 자료를 도출하여 이를 소비자와 외식업체에게 공개해야 한다.

<표 10-4>에 의하면 외식업체 영양표시의 형식에 대해서 응답자들은 눈에 가장 잘 띄는 형식으로 37.7%가 아이콘형을, 39.4%가 그래프 · 원형을 선택하였다. 가장 이해하기 좋은 형식으로는 48.0%가 그래프 · 원형을, 26.7%가 아이콘형이라고 응답하였다. 메뉴선택에 가장 도움이 되는 형식은 45.3%가 그래프 · 원형을, 25.1%가 아이콘형을 선택하였다. 아이콘형은 눈에는 가장 잘 띄지만, 이해 용이성과 활용도 측면에서 그래프 · 원형에 비해 소비자의 선호도가 떨어졌다. 포커스그룹인터뷰 결과도 이상의 연구결과와 일치하는데, 그래프 · 원형에 대한 선호도가 압도적으로 높았고, 그래프 · 원형을 도표형 혹은 아이콘형과 병행하여 사용하는 것에 대한 추가적인 제안이 제시되었다. 서술형에 대한 선호도는 매우 낮았으나, 복잡한 정보를 제공할 때에는 그래프 · 원형이나 아이콘형과 병행하는 안에 대한 제안이 있었다(전상민외, 2009).

〈표 10-4〉 외식업체 영양표시 형식에 대한 소비자 욕구

빈 도 (%) / 구 분	가장 눈에 잘 띄는 형식	가장 이해하기 쉬운 형식	메뉴 선택에 가장 도움이 되는 형식
도표형	211(20.2)	254(24.3)	279(26.7)
그래프 · 원형	394(37.7)	501(48.0)	473(45.3)
아이콘형	411(39.4)	279(26.7)	262(25.1)
형식은 상관없음	28(2.7)	10(1.0)	30(2.9)
계	1044(100.0)	1044(100.0)	1044(100.0)

※ 출처 : 전상민 외(2009)

〈표 10-5〉 구입 상황별 영양표시 제공 방식에 대한 소비자 요구

빈 도 (%) / 구 분	매장 안에서 먹는 경우	배달시켜 먹는 경우	테이크아웃하여 매장 밖에서 먹는 경우
메뉴 안내판	821(38.2)	181(9.0)	353(17.2)
POP(소형 메뉴판)	274(12.8)	47(2.3)	152(7.4)
계산대 부착화면(POS)	232(10.8)	19(0.9)	241(11.7)
안내책자/엽서	195(9.1)	372(18.5)	246(12.0)
트레이매트/제품포장지	311(14.5)	347(17.2)	547(26.6)
배달 박스	81(3.8)	672(33.4)	272(13.2)
업체 홈페이지	157(7.3)	213(10.6)	154(7.5)
점원 설명 및 전화상담	78(3.6)	163(8.1)	88(4.3)
계	2149(100.0)	2014(100.0)	2053(100.0)

(복수응답임)

※ 출처 : 전상민 외(2009)

<표 10-5>를 보면 외식업체 영양표시의 제공 방식에 대해서 매장안에서 먹는 경우 메뉴안내판이 38.2%, 배달시켜 먹는 경우 배달박스가 33.4%, 테이크아웃하여 매장 밖에서 먹는 경우는 트레이 매트/포장지가 26.6%로 가장 많았다. 일반적으로 점심시간의 경우 대부분이 바쁘기 때문에 외식하는 시점에서 소비자와 음식점의 관계자들은 영양표시 제공 때문에 주문 과정이 복잡해지거나 지연되는 것을 원하지 않는 경우가 많다. 그러므로 홈페이지나 다른 매체를 활용하여 영양정보를 원하는 소비자가 영양표시를 선택적으로 볼 수 있도록 주문 시점과 장소가 아닌 다른 시간과 공간에서 상세한 정보를 제

공하는 방법도 영양표시 제공 효과를 현실적으로 극대화할 수 있는 방안이 될 수 있다. <표 10-6>에 의하면 37.2%가 인터넷을 통한 보완을 원함으로써 가장 많았고, TV나 신문을 통한 광고도 31.1%를 차지하였다.

〈표 10-6〉 외식업체 영양표시 제공 방식의 보완 방식에 대한 소비자 요구

구 분 (복수 응답)	빈 도(%)
인터넷	693(37.2)
광고 (TV, 신문)	579(31.1)
기사 (신문, 잡지)	319(17.1)
학교 교육	266(14.3)
기타	7(0.4)
계	1864(100.0)

※ 출처: 전상민 외(2009)

2. 나트륨을 줄인 메뉴

<표 10-7>에는 새로 확정된 나트륨을 줄인 메뉴 103가지가 지역별로 제시되어 있다. 서울은 모두 46개로 3개 권역중에서는 가장 많았다. 종로구가 23개로 가장 많았고, 성동구가 17개로 두 번째로 많았고, 외식의 일번지라고 할 수 있는 강남은 6개에 불과하였다. 충청권은 모두 28개인데, 청원과 대전이 각각 10개, 연기와 청주가 각각 4개씩을 차지하였다. 경상권은 29개인데, 대구가 14개로 가장 많았고, 부산이 10개, 울산이 5개로 가장 적었다. <표 10-8>에서 저나트륨 신메뉴 개발 여부를 보면 전체 64.4%가 개발하지 않았다고 응답하였고, 26.9%는 개발중이라고 하였고, 개발된 매뉴를 제공중인 곳은 8.7%에 불과하였다. <표 10-9>에서 현재 저나트륨 실천 메뉴의 수를 보면 2개가 36.0%로 가장 많았고, 3개는 15.3%로 두 번째로 많았고, 그 다음은 1개로 11.7%를 차지하였다. 4개와 6개 이상도 각각 10.8%를 차지하였다.

〈표 10-7〉 새로 확정된 지역별 나트륨 줄인 메뉴(103개)

서울(46)	종로(23)	김치 고등어찜, 김치목살찌개, 낙지볶음, 닭볶음탕, 두부버섯전골, 들깨야채전골, 만둣국, 물냉면, 불고기, 비지정식, 소고기콩나물국밥, 소머리국밥, 수육, 순두부찌개, 오징어볶음, 웰빙 감자전, 잡채밥, 제육볶음, 짜장면, 쭈꾸미 볶음, 청국장, 파전, 해물파전
	성동(17)	김치찌개, 꼬리곰탕, 대구탕, 도가니탕, 된장찌개, 물냉면, 복지리탕, 비빔냉면, 산채비빔밥, 새싹비빔밥, 생우럭탕, 순두부찌개, 알탕, 전복도가니탕, 항정살, 해물볶음밥, 회덮밥
	강남(6)	계란찜, 굴비구이, 낙지비빔밥, 복국, 자반고등어구이, 탕수육
충청(28)	청주(4)	쏘가리백숙, 올갱이국, 올갱이무침, 용압탕
	청원(10)	갈비탕(1), 갈비탕(2), 누룽지닭백숙, 롤밥(생선가스), 모듬순대, 미꾸라지조림, 비빔냉면, 야채샐러드, 추어탕, 통추어튀김
	연기(4)	갈낙탕, 소불고기, 왕돈가스, 히레가스
	대전(10)	갈비탕, 만두, 삼계탕, 양념왕갈비, 양대창구이, 짬뽕, 콩비지찌개, 특양구이, 해물갈비찜, 해물찜
경상(29)	대구(14)	고등어구이, 고디탕, 닭갈비, 대구탕, 대구탕, 물회, 물회, 바르미대표샤브, 복어불고기, 삼계탕, 쇠고기샤브, 칼치구이, 회덮밥, 회무침
	울산(5)	간자장, 돼지국밥, 돼지왕갈비, 삼계탕, 자장면
	부산(10)	깍두기, 내장매운탕, 대구탕, 대구탕, 대구탕, 돌솥밥, 복국, 복찜, 볶음밥, 오이장아찌

〈표 10-8〉 저나트륨 신메뉴 개발 여부

N(%)

	서울	충청	경상	전체
미개발	27(77.1)	21(60.0)	19(55.9)	67(64.4)
개발중	5(14.3)	13(37.1)	10(29.4)	28(26.9)
개발 메뉴 제공 중	3(8.6)	1(2.9)	5(14.7)	9(8.7)
전체	35(100.0)	35(100.0)	34(100.0)	104(100.0)

<표 10-10>에 의하면 나트륨을 줄임으로써 추가비용이 들지 않았다가 60.6%로 가장 많았는데, 서울이 64.7%로 가장 많았고, 충청이 56.3%로 가장 적었다. 30.9%가 비용이 약간 들었다고 응답했는데, 지역에 따른 차이는 거의 없었다. 비용이 줄었다는 곳은 6.4%, 비용이 많이 든 곳은 2개 업소에 불과했다. <표 10-11>에서 나트륨 줄이기 건강음식점 지정후 음식의 짠 정도의 변화를 보면 싱거워진 곳이 72.1%로 가장 많았는데, 서울이 76.9%로 가장 많았고 경

상이 63.9%로 가장 적었다. 지정전과 똑같다도 25.2%로 나타났는데, 경상이 36.1%로 가장 많았고, 3곳은 매우 싱거워졌다고 응답하였다. 짜졌다는 곳은 1군데도 없었다.

〈표 10-9〉 현재 저나트륨 실천 메뉴 수량

N(%)

	서울	충청	경상	전체
없음	3(7.7)	2(5.6)	1(2.8)	6(5.4)
1개	3(7.7)	4(11.1)	6(16.7)	13(11.7)
2개	14(35.9)	13(36.1)	13(36.1)	40(36.0)
3개	5(12.8)	5(13.9)	7(19.4)	17(15.3)
4개	3(7.7)	5(13.9)	4(11.1)	12(10.8)
5개	7(17.9)	1(2.8)	3(8.3)	11(9.9)
6개 이상	4(10.3)	6(16.7)	2(5.6)	12(10.8)
합계	39(100.0)	36(100.0)	36(100.0)	111(100.0)

〈표 10-10〉 나트륨 감소시 추가된 비용

N(%)

	서울	충청	경상	전체
비용 감소	1(2.9)	4(12.5)	1(3.6)	6(6.4)
비용 들지 않음	22(64.7)	18(56.3)	17(60.7)	57(60.6)
약간 비용 사용	10(29.4)	10(31.3)	9(32.1)	29(30.9)
많이 비용 사용	1(2.9)	0(0.0)	1(3.6)	2(2.1)
합계	34(100.0)	32(100.0)	28(100.0)	94(100.0)

〈표 10-11〉 음식이 짠 정도 변화

N(%)

	서울	충청	경상	전체
매우 싱거워졌다	1(2.6)	2(5.6)	0(0.0)	3(2.7)
싱거워졌다	30(76.9)	27(75.0)	23(63.9)	80(72.1)
지정전과 똑같다	8(20.5)	7(19.4)	13(36.1)	28(25.2)
약간 짜졌다	0(0.0)	0(0.0)	0(0.0)	0(0.0)
매우 짜졌다	0(0.0)	0(0.0)	0(0.0)	0(0.0)
합계	39(100.0)	36(100.0)	36(100.0)	111(100.0)

3. 나트륨 줄이기 참여 건강음식점 지정 후 고객만족도

<표 10-12>에서 저나트륨으로 개발된 메뉴에 대한 고객 반응을 보면 고객 반응에 따라 개선했다가 75.9%로 가장 많았는데, 서울은 66.7%로 충청의 80.0%와 경상의 85.7%에 비하여여 크게 적었다. 반응이 좋아서 새 메뉴를 개발 중이라는 응답도 20.7%를 차지하였는데, 경상은 14.3%로 서울의 25.0%와 충청의 20.0%에 비하여 낮았다. 반응이 저조해 판매를 중단하였다는 서울 1곳에 불과하였다. <표 10-13>에서 저나트륨 건강메뉴 제공에 대한 고객 만족도를 보면 보통이 52.3%로 가장 많앗는데, 서울이 64.1%로 가장 많았고, 충청이 36.1%로 가장 적었다. 좋다고 응답한 곳은 42.3%로 두 번째로 많았는데 충청이 52.8%로 가장 많았고, 서울이 33.3%로 가장 적었다. 좋지 않다와 매우 좋다도 각각 2.7%를 차지하였다.

〈표 10-12〉 저나트륨으로 개발된 메뉴에 대한 고객 반응

N(%)

	서울	충청	경상	전체
반응 저조 판매 중단	1(8.3)	0(0.0)	0(0.0)	1(3.4)
고객 반응에 따라 개선	8(66.7)	8(80.0)	6(85.7)	22(75.9)
반응 좋아서 새 메뉴 개발 중	3(25.0)	2(20.0)	1(14.3)	6(20.7)
합계	12(100.0)	10(100.0)	7(100.0)	29(100.0)

〈표 10-13〉 저나트륨 건강메뉴 제공에 대한 고객 만족도

N(%)

	서울	충청	경상	전체
전혀 좋지 않음	0(0.0)	0(0.0)	0(0.0)	0(0.0)
좋지 않음	0(0.0)	2(5.6)	1(2.8)	3(2.7)
보통	25(64.1)	13(36.1)	20(55.6)	58(52.3)
좋음	13(33.3)	19(52.8)	15(41.7)	47(42.3)
매우 좋음	1(2.6)	2(5.6)	0(0.0)	3(2.7)
합계	39(100.0)	36(100.0)	36(100.0)	111(100.0)

〈표 10-14〉 저나트륨 메뉴 맛에 대한 고객 반응

N(%)

	서울	충청	경상	전체
싱거워 불평함	2(5.3)	6(16.7)	2(5.7)	10(9.2)
반응 없음	12(31.6)	14(38.9)	15(42.9)	41(37.6)
싱거워 좋아함	23(60.5)	16(44.4)	18(51.4)	57(52.3)
싱거워 많이 좋아함	1(2.6)	0(0.0)	0(0.0)	1(0.9)
합계	38(100.0)	36(100.0)	35(100.0)	109(100.0)

〈표 10-15〉 지정 후 식당 이미지 변화

N(%)

	서울	충청	경상	전체
나빠졌다	0(0.0)	0(0.0)	0(0.0)	0(0.0)
그저그렇다	21(55.3)	12(33.3)	18(50.0)	51(46.4)
좋아졌다	16(42.1)	20(55.6)	18(50.0)	54(49.1)
매우 좋아졌다	1(2.6)	4(11.1)	0(0.0)	5(4.5)
합계	38(100.0)	36(100.0)	36(100.0)	110(100.0)

<표 10-15>를 보면 지정 후 식당 이미지 변화가 좋아진 곳이 49.1%로 가장 많았는데, 서울은 42.1%로 가장 적었고, 충청이 55.6%로 가장 많았다. 46.4%는 그저 그렇다라고 응답하였다. 매우 좋아졌다도 4.5%를 차지하였다. 지정 후 시간이 얼마되지 않았다는 점을 고려하고, 정부와 관련단체에서 홍보를 계속하고 있다는 점을 간안한다면 만족도는 상승할 것이라고 예측할 수 있다. <표 10-16>에서 나트륨 줄이기 참여 건강음식점 현판에 대한 고객 관심도를 보면 약간 관심을 보인 곳이 57.3%로 가장 많았는데, 충청이 69.4%로 가장 많았고 경상이 50.0%로 가장 적었다. 거의 관심이 없었던 곳은 21.8%, 관심이 많은 곳은 18.2%를 차지하였다.

나트륨 줄이기 운동본부를 비롯하여 관련단체에서는 나트륨 줄이기 건강음식점 현판에 대한 홍보를 계속해야 할 것이다. 이 제도가 성공을 거두기 위해서는 무엇보다 소비자들의 호응이 있어야 한다고 본다. 나트륨 줄이기 운동본부에서는 소비자들이 건강음식점 여부가 음식점을 선택할 때 중요한 기준이 될 수 있도록 소비자에게 홍보하고, 관계기관에서는 이 제도가 소비자

들의 신뢰를 얻을 수 있도록 단순히 지정해서 현판을 달아주는 것으로 끝나지 않도록 꾸준히 모니터링을 해야한다. 모범음식점제도가 유명무실해 진점을 염두에 두어야 할 것이다. 해당음식점을 이용하는 지역의 소비자나 소비자단체를 활용하면 적은 비용으로 모니터링을 할 수 있고, 지정을 받지 못한 음식점들이 자진해서 지정을 받으려고 노력하게 함으로써 음식점간의 경쟁을 유도해야 할 것이다.

〈표 10-16〉 나트륨 줄이기 참여 건강음식점 현판에 대한 고객 관심도

N(%)

	서울	충청	경상	전체
전혀 관심없음	0(0.0)	1(2.8)	2(5.6)	3(2.7)
거의 관심없음	12(31.6)	4(11.1)	8(22.2)	24(21.8)
약간 관심보임	20(52.6)	25(69.4)	18(50.0)	63(57.3)
많이 관심보임	6(15.8)	6(16.7)	8(22.2)	20(18.2)
합계	38(100.0)	36(100.0)	36(100.0)	110(100.0)

<표 10-17>에서 고객에게 영양표시 메뉴판 또는 메뉴보드 제공 방법을 보면 테이블 또는 벽에 부착이 43.0%로 가장 많았는데, 서울은 34.2%에 불과하였다. 고객에게 직접 설명은 30.8%로 두 번째로 많았고, 22.4%는 제공하지 않았다고 하였다. <표 10-18>에서 지정 후 매출액 변화를 보면 79.1%가 변화가 없었다고 하였고, 13.6%는 약간 증가하였다고 하였고, 1.8%는 많이 증가했다고 했고, 5.5%는 약간 감소했다고 하였다.

〈표 10-17〉 고객에게 영양표시 메뉴판 또는 메뉴보드 제공 방법

N(%)

	서울	충청	경상	전체
제공하지 않음	10(26.3)	9(25.7)	5(14.7)	24(22.4)
테이블 또는 벽에 부착함	13(34.2)	19(54.3)	14(41.2)	46(43.0)
고객에게 직접 설명	14(36.8)	7(20.0)	12(35.3)	33(30.8)
기타	1(2.6)	0(0.0)	3(8.8)	4(3.7)
합계	38(100.0)	35(100.0)	34(100.0)	107(100.0)

〈표 10-18〉 지정 후 매출액 변화

N(%)

	서울	충청	경상	전체
약간 감소	3(7.7)	1(2.9)	2(5.6)	6(5.5)
변화 없음	29(74.4)	26(74.3)	32(88.9)	87(79.1)
약간 증가	6(15.4)	7(20)	2(5.6)	15(13.6)
많이 증가	1(2.6)	1(2.9)	0(0.0)	2(1.8)
전체	39(100.0)	35(100.0)	36(100.0)	110(100.0)

이상과 같이 9장과 10장에서 분석한 결과를 바탕으로 하여 나트륨 저감화 정책이 성공하기 위한 구체적인 전략과 행동지침을 제시하면 다음과 같다.

1) 외식업체에서 나트륨 저감화를 실천할 수 있도록 다음과 같은 환경을 조성해야 한다.

① 외식업체는 고객의 건강을 위하여 나트륨을 줄이면서도 맛이 있는 건강메뉴를 개발한다. 건강메뉴가 건강에 좋은 웰빙트렌드에 부합되어 미래 외식업의 중요한 성장동인이 될 수 있다는 사실을 외식업체가 인식할 수 있도록 해야 한다.

② 외식업체가 나트륨을 줄인 메뉴를 개발할 수 있도록 돕고 조리기술도 지원하고 이러한 노력을 하는 외식업체의 경우 소비자에게 다양한 방법으로 홍보하여 매출증대로 이어질 수 있도록 한다.

③ 나트륨 대신 맛을 낼 수 있는 대체 조미료를 개발하여 사용방법을 제공한다.

④ 소비자가 스스로 나트륨의 양을 조정할 수 있도록 소금과 기타 양념류를 별도로 제공하는 등 음식점의 환경을 변화시킨다.

⑤ 나트륨을 줄인 건강메뉴를 수집하여 홍보한다.

2) 일반 소비자와 음식점 고객을 대상으로 나트륨이 건강에 미치는 영향을 홍보한다.

① 소비자를 대상으로 TV, 신문, 스마트폰 어플, 소셜미디어 서비스 등을

활용하여 정보를 제공하고 홍보와 교육을 실시한다.

② 음식점에서 고객들에게 쉽게 설명할 수 있는 리플렛, 포스터, 홍보책자 등을 제작하여 제공한다.

③ 음식점에서 팔고 있는 음식에 대하여 영양표시 메뉴판이나 메뉴보드를 소비자가 쉽게 볼 수 있도록 제공한다.

④ 공익광고를 제작하여 방영한다.

⑤ 일반 소비자를 대상으로 한 나트륨 줄이기 UCC 제작 대회를 개최한다.

3) 학교 및 산업체의 단체급식에서 저나트륨 메뉴를 제공하고 영양교육을 시행한다.

① 어린이집, 유치원, 초중고, 대학에서 저나트륨 메뉴를 제공하고 연령과 교육대상자에게 적합한 방법으로 영양교육을 실시한다. 특히 어린이집이나 유치원의 경우 어렸을 때 입맛이 평생의 입맛을 결정한다는 점을 감안하여 싱겁게 먹는 습관을 들일 수 있도록 철저하게 교육한다.

② 산업체, 병원, 요양기관 등에서 저나트륨 메뉴를 제공하고 대상별 맞춤형 영양교육을 시행한다.

③ 연구결과를 보면 자신은 싱겁게 먹고 있다고 하였음에도 불구하고 실제로 나트륨을 섭취하는 양은 매우 많았다. 따라서 나트륨을 줄인 식사를 직접 체험해 보게 하는 체험교육을 통하여 보다 구체적으로 자신의 식습관을 조정하고 실천할 수 있도록 한다.

4) 식품재료와 가공식품의 나트륨을 줄인다.

① 저나트륨 식품 재료를 공급할 수 있는 식품유통체계를 확보한다.

② 나트륨함량을 규격화함으로써 저나트륨 가공식품을 개발하고 생산하여 유통할 수 있는 제도를 만든다. 특히 어린이들이 좋아하는 과자류, 라면, 피자, 햄버거 등의 나트륨 함량을 줄인 규격을 개발한다.

③ 외식업체에서 저나트륨 식품재료를 사용하고, 메뉴를 개발하여 보급하도록 장려한다.

참고문헌

강윤영(2001). 남성 직장인의 식습관 및 식품기호도에 관한 조사연구; 서울과 동해지역을 중심으로. 세종대학교 대학원 석사학위 논문.

강종헌 · 양소영(2004) 패밀리레스토랑 음식서비스에 대한 만족에 영향을 미치는 요인들의 평가. 한국조리과학학회지, 20(4). 371-379.

고시노 요시후미 · 시노 야스시 공저, 황소연 역(2007) 내 몸에 맞는 영양제는 따로 있다. 전나무숲.

권광일 · 윤성원 · 김소진 · 강하니 · 김해나 · 김지영 · 김서영 · 김길례 · 이준형 · 정선미 · 옥소원 · 이은주 · 김종욱 · 김명철 · 박혜경(2010). 가공식품 및 외식 영양표시에 대한 소비자인식조사. 한국영양학회지 43(2), 181-188.

김경숙 · 백희영(1992). 한국 젊은 성인여성과 중년 여성의 짠 맛에 대한 기호도와 Na 섭취량 비교 연구, 한국영양학회지 25(1), 32~41.

김기순 · 신동권 · 이숙재(1990). 일부 저염식 피교육자의 식염 섭취 및 뇨중 sodium 배설양상-장류 및 김치류 등 고식염 함유 식품을 중심으로, 한국영양학회지. 13(4), 187~194.

김미경 · 왕수경 · 신동순 · 정해랑 · 권오란 · 배계현 · 노경아 · 박주연(2005). 생활 속의 영양학. 라이프사이언스.

김미현 · 배윤정 · 승정자(2006). 흡연력에 따른 남자 대학생의 영양소 섭취 상태와 식사의 질 평가. 한국영양학회지 39(6), 572-584.

김민경 · 권세미 · 김희선(2007). 여성 근로자의 영양섭취 및 건강상태 조사 : 사무직과 납 사업장 근로자의 비교. 대한지역사회영양학회지 12(6):773-781.

김순경 · 선우 재근(2007). 중년 여성의 식사섭취상태와 갱년기 증상 관련 요인 분석. 대한지역사회영양학회지 12(1), 25-39.

김순경 · 선우재근 · 이은주. 폐경기를 전 · 후한 중년 여성의 무기질 영양상태와 갱년기증상. 한국영양학회지 39(2):121-132, 2006

김아영(2012). Local Administration 2012년 3월호, 62-65.

김옥현 · 김정희(2006). 체질량지수에 따른 여대생의 식이섭취상태와 혈액성상에 관한 연구. 대한지역사회영양학회지 11(3), 307-316.
김옥현 · 정하나 · 김정희(2007). 과체중 및 비만 여성의 식습관, 식이섭취실태 및 혈청지질 양상 비교. 대한지역사회영양학회지 12(1), 40-49.
김천수 · 홍희옥 · 김정윤 · 맹원재 · 이정숙(2007). 서울지역 여고생들의 식이 철분밀도에 따른 영양섭취상태 및 철분 급원식품에 관한 연구. 한국영양학회지 40(4), 371-384.
김형우 · 이경애 · 조은진 · 채종찬 · 김유경 · 이성숙 · 이경혜(2010). 초등학생의 당, 나트륨, 지방 섭취 저간화를 위한 교육용 웹사이트 및 e-learning system 개발. 대한지역사회영양학회지 15(1), 36-49.
김혜경(1995). 산업체 근로자의 식습관과 영양상태에 관한 연구. 한국식생활문화학회지 10(2), 119~123.
김혜영(2011). 나트륨 저감화를 위한 외식 산업체 영양표시 활성화. 식품과학과 산업 2011년 3월호, 28-38.
김희선 · 이현옥(2005). 아산시 거주 미취학 아동들의 신체계측 및 영양상태 조사. 대한영양사협회학술지 11(1), 114-124.
대구광역시 건강증진 사업지원단. www.saltdown.com.
민지혜(2010). 성인의 나트륨 섭취량에 따른 식생활 관련 요인 분석 : 2007, 2008년 국민건강영양조사 자료 이용. 단국대학교 석사학위논문.
박미연 · 김금란 · 이다정 · 김진문 · 박필숙(2006). 경북 예천 농촌지역 거주 노인의 연령대별 영양소 및 식품섭취량 조사. 한국영양학회지 39(1), 58-73.
박미연 · 천병렬 · 조순재 · 정구범 · 허철회 · 김금란 · 박필숙(2008). 농촌 장수마을 여자 노인의 식행동 변화단계 모형에 따른 식품 및 영양소 섭취상태 비교. 대한지역사회영양학회지 13(1), 34-45.
박수진 · 김애경, 인천지역 초등학생의 후향적 연구방법에 의한 비만이행 추이 및 식생활습관과 체중조절 행태, 대한영양사협회 학술지 6(1):44~52, 2000
박영숙 · 류화라 · 재갈성아(2006). 젊은 여성에서 영양상태와 피부지성화의 관련성. 대한지역사회영양학회지 11(5), 587-597.
박영숙 · 손숙미 · 임화재 · 김숙배 · 정연선(2008). 나트륨 섭취와 관련된 식행동의 성별 및 연령별 비교. 대한지역사회영양학회지 13(1), 1-12.
박정아 · 윤진숙(2005). 대구지역 주부들의 비만정도에 따른 식행동 특성과 영양섭취상태 평가. 대한지역사회영양학회지 10(5), 623-632.
박태선 · 이기열(2007). 한국 대학생의 sodium과 potassium섭취량 및 대사에 관한 연구, 한국영양학회지, 18(3), 201~208.
박혜련(2007). 저나트륨소금은 일반소금보다 유익한가?. 건강생활 2007년 여름호, 32-33.

배은영 · 이경혜 · 류은순 · 허은실(2007). "올바른 외식지도를 위한 청소년용 영양교육 사이트(Health14.Net)개발." 대한지역사회영양학회지. 12(4), 462-476.
배현숙 · 이동환 · 안홍석(1996). 영양공급양상에 따른 2개월령 영아의 영양소 섭취에 관한 연구. 한국영양학회지 29(1), 77-88.
배현숙. 여대생의 BMI에 따른 식이섭취와 혈중지질 농도및 항산화능. 대한지역사회영양학회지 11(4):479-487, 2006
배현숙(2007). 여대생의 체지방률에 따른 식이섭취와 혈중지질농도, 철분지표 및 항산화능. 대한지역사회영양학회지 13(3), 323-333.
보건복지부(2005). 국민영양조사, 영양조사Ⅰ.
보건복지부 · 질병관리본부(2008). 2007 국민건강통계. 국민건강영양조사 제4기 1차년도(2007).
보건복지부 · 질병관리본부. 2008년 국민건강영양조사보고서.
보건복지부 · 한국영양학회 · 식품의약품안전처(2010). 한국인 영양섭취기준 개정판.
서광희 · 서정숙 · 이복희 · 이승교 · 최미숙(2011). 임상영양사를 위한 고급영양학. 지구문화사.
서윤석 · 강지현 · 김한숙 · 정영진(2010). 외식빈도에 따른 대전시민의 영양상태 비교. 한국영양학회지 43(2), 171-180.
서정희(2012). 착한 소비를 지향하는 공정무역. 내하출판사.
손숙미 · 박영숙 · 임화재 · 김숙배 · 정연선(2007). 24시간 소변분석과 음식섭취빈도지를 사용한 우리나라 성인들의 나트륨 섭취량과 지역별, 음식군별 나트륨 섭취량의 비교. 대한지역사회영양학회지 12(5), 545~558.
손숙미 · 박영숙 · 임화재 · 김숙배 · 정연선(2007). 24시간 소변 분석과 음식섭취빈도지를 사용한 우리나라 성인들의 나트륨 섭취량과 지역별, 음식군별 나트륨 섭취량의 비교. 대한지역사회영양학회지 12(5), 545-558.
손숙미 · 허귀엽 · 이홍섭(2006). 나트륨 섭취량 추정을 위한 음식섭취빈도조사지와 Na Index를 이용한 간이음식섭취빈도조사지의 개발 및 타당성 검증에 관한 연구. 대한지역사회영양학회지 10(5), 677-692.
손숙미 · 허귀엽(2006). 고혈압 환자의 식이관련 위험요인 분석에 관한 연구. 대한지역사회영양학회지 11(5), 661-672.
식품의약품안전처(2010). 나트륨에 관한 소비자 인지도.
신은경 · 이연경. 보육시설 유아들의 식품 및 영양소 섭취상태 평가. 한국식품영양과학회지 34(7):1008-1017, 2005
신은경 · 이혜진 · 이중정 · 안문영 · 손숙미 · 이연경(2010). 24시간 소변분석, 식사기록법 및 음식섭취빈도조사에 의한 여자 성인의 나트륨 섭취량 조사. 한국영양학회지 43(1), 79-85.

신호경(2012). 건보-영양사협, 식습관, 영양 함께 챙긴다. 연합뉴스 2012년 7월 11일.
안은정 · 노화영 · 정자용 · 백희영(2010). 한국 젊은 성인의 아연 영양 상태가 짠맛 인지와 기호도, 나트륨섭취 및 혈압에 미치는 영향. 한국영양학회지 43(2), 132-140.
안홍석 · 엄성신(2003). 서울지역 일부 영유아의 영양소 섭취에 관한 연구. 한국모자보건학회지 7(4), 179-191.
안홍석 · 정지윤(1998). 도시 저소득층 지역의 모자 영양 및 섭식에 관한 생태학적 연구- Ⅲ. 영양아의 섭식과 성장 발육. 대한지역사회영양학회지 3(2), 174-189.
안홍석 · 최미경·표영희(1992). 수유기간별 모유의 중 무기질 및 미량원소 함량 변화. 한국영양학회지 29(2), 123-131.
엄문자 · 류미현(2002). 외식구매행동에 나타난 소비자만 족도에 관한 연구. 한국식생활문화학회. 17(5), 543-550.
연미영 · 이윤나 · 김도희 · 이지연 · 고은미 · 남은정 · 신혜영 · 강백원 · 김종옥 · 허석 · 조혜영 · 김초일(2011). 한국인의 나트륨 섭취 급원 음식 및 섭취양상: 2008-2009 국민건강영양조사 자려에 근거. 대한지역사회영양학회지 16(4), 473-487.
유정순 · 진정희 · 김미정 · 장경자(2008). 국제신체활동설문(IPAQ)을 이용한 신체활동도에 따른 인천지역 대학생의 식행동, 건강관련 생활습관 및 식이섭취 조사. 한국영양학회지 41(8), 818-831.
유진아 · 정희선(2011). 건강관심도에 따른 외식업체 메뉴의 영양 표시 인지도. 한국식품영양학회지 24(3), 282-290.
이난희 · 김건희 · 박유미 · 최정남(2007). 보육시설 유아의 부모대상 '싱겁게 먹기' 가정통신문 교육사례, 전국 영양사 학술대회 자료집, 325.
이덕규(2012). 지속적인 나트륨 섭취 혈관손상 위험성 ↑, 혈중 요산 수치 · 뇨중 알부민 배출량 증가 약업신문 2012년 6월 20일.
이미애(1999). 산업체 근로자의 식생활 습관과 영양상태, 가톨릭대학교 대학원 석사학위 논문.
이승경(2011). 직장인들의 나트륨섭취관련 식생활 연구. 경원대학교 석사학위논문.
이연경 · 손숙미 · 이중정 · 이혜진 · 신은경(2007a). 대국민 나트륨 섭취 감소방안 연구. 한국보건사회연구원 건강증진기금연구사업보고서.
이영희 · 김현경 · 권경희(2010). 노인 고혈압 환자의 저염식이 이행, 나트륨 섭취 및 짠 맛에 대한 기호도. 한국보건간호학회지 24(2), 311-322.
이정실 · 이영남 · 김을상(2001). 수유 첫 5개월간 모유영양아의 Na와 K 섭취량에 관한 연구. 한국영양학회지 34(1), 23-29.
임화재(2011). 부산지역 일부 성인들의 칼슘 및 나트륨의 섭취와 소변중 칼슘 배설 실태에 관한 연구. 대한지역사회영양학회지 16(2), 215-226.
장순옥(2000). 영양표시에 대한 주부소비자의 인지. 이용. 요구도 조사연구. 한국영양

학회지. 33(7). 763-773

장원수(2012). 워킹맘 아이들 비만될 확률 높다. 한국일보 2012년 8월 31일.

전상민 · 권상희 · 박혜경 · 김소희 · 권광일·정해랑(2009). 외식업체 영양표시에 대한 소비자의 이용 현황 및 욕구 분석. 소비자학연구 20(2), 279-306.

정혜진(2010). 서울시민의 연령별 염미도, 영양지식, 식행동 실태조사, 명지대학교 대학원 석사학위 논문.

조금호 · 문진 · 금혜경 · 김을상(1995). 수유기간별 영아의 모유섭취량 및 Na, K 섭취량. 한국영양학회지 28(7), 612- 619.

조명기(2007). 나트륨 저감화를 위한 초등학생용 교육자료 개발과 효과 분석, 창원대학교 대학원 석사학위논문.

조명기 · 이경혜 · 이경애 · 이성숙 · 김유경 · 허은실(2009). 어린이의 나트륨 섭취 저감화를 위한 교육 콘텐츠 및 교재 개발. 한국영양학회지 42(6), 567-576.

조여원 · 홍주영 · 이혜원 · 이승림(1996). 근로자의 건강검진 과정 중의 영양교육 실시와 영양교육 프로그램 활용방안에 관한 연구, 대한영양사회학술지 2(1), 20~28.

조영은 · 이수림 · 조은현 · Ria-Ann L Lomeda · 곽은희 · 김양하 · 권인숙(2006). 24시간회상법과 식품섭취빈도법을 이용한 농촌지역 노인의 영양소섭취수준 비교. 한국식품영양과학회지 35(6), 698-707.

주나미 · 윤지영 · 김옥선 · 박상현 · 고영주 · 김지연(2006). 영양표시제도에 대한 여성 소비자 인식에 관한 연구. 한국식생활문화학회지. 21(2), 209-215.

질병관리본부 · 한국보건산업진흥원 · 국민건강영양조사 제3기(2005) 심층분석 : 영양부문. 2007

채홍자 · 홍희옥 · 김희선 · 이정숙 · 유춘희(2008). 서울 일부지역 남자 고등학생의 주중과 주말의 식품 및 영양소 섭취에 관한 연구. 한국영양학회지 41(6), 539-549.

최미경 · 김미현(2007). 연령에 따른 성인여성의 골밀도와 식습관 및 영양섭취상태 연구. 한국식생활문화학회지 22(6), 833-840.

최민수(2008). 대학생 염분섭취에 대한 인식 및 식습관 연구, 연세대학교 생활환경대학원 석사학위논문.

최영선 · 박혜련 · 김혜영 · 장순옥 · 이혜성(2006). 최신 영양학. 효일출판사.

최윤희 · 승정자(2006). 폐경 후 여성의 골밀도에 따른 영양소 섭취상태와 혈청구리, 아연, 망간 함량에 관한 연구. 한국영양학회지 39(5), 485-493, 2006

최정숙 · 권성옥 · 백희영(2006). 고령인구 비율이 높은 지역 장년, 노년층의 건강 · 영양상태 및 이에 영향을 미치는 인자에 관한 연구-II.남자의 골밀도와 이에 영향을 미치는 식이요인분석- 한국영양학회지 39(2), 171-183.

한국영양학회(2005). 한국인 영양섭취기준.

홍경의 · 정효지(2009). 서울시 외식경영자의 건강식당사업 참여의지. 한국영양학회지 42(3), 268-277.

홍경희 · 강양화 · 정효지(2008). 외식 건강증진사업에 대한 소비자의 요구도 및 실행 의지 분석 : 서울지역 거주자를 중심으로. 한국영양학회지 41(4), 365-373.

홍순명 · 정유경 · 조성숙 · 김형미 · 박혜경 · 강백원 · 김종욱 · 변재언 · 김새봄(2011). 외식업체조리종사자의 저나트륨에 대한 인식 연구. 대한지역사회영양학회 추계학술대회 및 정기총회. 수명, 노화와 영양. 196~196. 대한지역사회영양 서울대 호암교수회관. 2011. 11. 4

홍순명 · 조지예 · 박유정 · 조성숙 · 김형미 · 박혜경 · 강백원 · 김종욱 · 변재언 · 김새봄(2011). 나트륨 저감화 정책에 대한 외식업체의 조리종사자의 요구도 및 인식평가. 한국영양학회 추계학술대회.청장년기 저영양 여성의 건강 Risk. 499~499. 한국영양학회.서울힐튼호텔. 2011. 11. 11

홍순명 · 권오형 · 배문경 · 서정희 · 박혜경 · 강백원 · 김종욱 · 변재언 · 조성숙 · 양정아(2012). 저나트륨 건강음식점의 조리실천 전략. 2012년도 전국영양사학술대회. 소통하는 영양사, 건강한 대한민국.277~277.대한영양사협회. 그랜드힐튼. 2012. 7. 24

홍순명 · 서정희 · 허은정 · 정윤선 · 박혜경 · 강백원 · 김종욱 · 변재언 · 조성숙 · 양정아(2012). 나트륨 줄이기 참여 건강음식점에 대한 고객평가. 2012년도 전국영양사학술대회. 소통하는 영양사, 건강한 대한민국. 267~267. 그랜드힐튼. 대한영양사협회. 2012. 7. 24

홍순명(2012). 나트륨 줄이기 참여 건강음식점 사례연구, 주최:식품의약품안전처, 주관:나트륨 줄이기 운동본부, 서울프레스센터 국제회의장, 2012.5.14

황혜경(2012). 관악구 나트륨 함량 적은 음식점 지정. 헤럴드경제 2112년 8월 16일.

후생노동성(2010). 평성21년, 일본인의 식사섭취기준.

Albright C.L., Flora J.A., Fortmann S.P.(1990). Restaurant menu labeling: Impact of nutrition information on entree sales and patron attitudes. Health Education Behavior 17(2), 157-167.

Almanza B., Nelson D., Chai S.(1997). Obstacles to nutrition labelling in restaurants. Journal American Dietetics Association 97, 157-167

Appel, L. J., Espeland, M. A., Easter, L., Wilson. A. C., Folmar, S., & Lacy, C. R. (2001). Effects to reduced sodium intake on hypertension control in older individuals. Archives of Internal Medicine, 161(5), 685-693.

Athearn P.N., Kendall P.A., Hillers V.V., Schroeder M., Bergmann V., Chen G., Medeiros L.C.(2010). Awareness and Acceptance of current Food Safety Recommendations During Pregnancy. Maternal and Child Heath Journal 8(3), 149-162

Bae, Yun-Jung, Cho, Hye-Kyung, Kim, Mi-Hyun(2008). Nutrient intake and bone health status of Korean male college students as related to smoking situations. Nutrition Research and Practice, 2(3), 184-190.

Baptiste-Roberts K., Gary T.L., Beckles G.L.A., Gregg E.W., Owens M., Porterfield D., Engelgau M.M.(2007). Family history of diabetes, awareness of risk factors, and health behaviors among African Americans. American Journal of Public Health, 97, 907-912.

Baron D.P.(2001). Private politics, corporate social responsibility, and integrated strategy. Journal of Economics and Management Strategy 10, 7-45.

Blackwood A.M., Sagnella G.A., Cook D.G., Cappuccio F.P.(2001). Urinary Calcium excretion, sodium intake and blood pressure in a multi-ethnic population:result of the wandsworth heart and stroke study. Journal Human Hypertension 15(4), 229-237.

Blaustein M.P., Hamlyn J.M.(1991). Pathogenesis of essential hypertension. A link between dietary salt and high blood pressure. Hypertension 18(5), 184-195.

Bray G.A., Vollmer W.M., Sacks F.M., Obarzanek E., Svetkey L.P., Appel, L. J. (2004). A further subgroup analysis of the effects of the DASH diet and three dietary sodium levels on blood pressure: results of the DASH-sodium trial. American Journal of Cardiology 94(2), 222-227.

Brouns F.(1991). Heat-sweat-dehydration-rehydration: A praxis oriented approach. J Sports 9, 143-152.

Brown I.J., Tzoulaki I., Candeias V., Elliott P.(2009). Salt intakes around the world: implications for public health. Internal Journal of Epidemiology 38(3), 791-813.

Cappuccio F.P., Kalaitzidis R., Duneclift S., Eastwood J.B.(2000). Unravelling the links between calcium excretion, salt intake, hypertension, kidney snsies and bone metabolism. Journal of Nephrology 13, 169-177.

Castenmiller J.J.M., Mensink R.P., Kouwenhoven T.(1985). The effect of dietary sodium on urinary calcium and potassium excretion in normotensive men with different calcium intake. American Journal of Clinical Nutrition 41, 52-60.

Chobanian A.V., Hill M.(2000). National Heart, Lung, and Blood Institute Workshop on Sodium and Blood Pressure : a critical review of current scientific evidence. Hypertension 35(4), 853-863.

Cianciaruso B., Bellizzi V., Minutolo R., Tavera A., Capuano A., Conte G., Nicola L.D.(1998). Salt intake and renal outcome in patients with progressive renal disease. Mineral and Electrolyte Metabolism 24(4), 296-303.

Cogen H.W., Hailpern S.M., Alderman M.H.(2008). Sodium intake and mortality follow-up in the third National Health and Nutrition Examination Survey (NHANES Ⅲ). Journal of General Internal Medicine 23(9), 1297-1302.

Cohen H.W., Hailpern S.M., Fang J., Alderman M.H.(2006). Sodium intake and mortality in the NHANES II follow-up study. American Journal of Medicine 119(2), 7-14.

Cook N.R., Cutler J.A., Obarzanek E., Buring J.E., Rexrode K.M., Kumanyika S.K.(2007). Long term effects of dietary sodium reduction on cardiovascular disease outcomes: observational follow-up of the trials of hypertension prevention (TOHP). British Medical Journal 334, 885-893.

Cook, N.R.(2008). Salt intake, blood pressure and clinical outcome. Current Opinion in Nephrology and Hypertension 17(3), 310-314.

Cottrell L., Spangler-Murphy E., Minor V., Downes A., Nicholson P., Neal W.A.(2005). A kindergarten cardiovascular risk surveillance study: CARDIAC-Kinder. American Journal of Health Behavior, 29(6), 595-606

Craddick S.R., Elmer P.J., Obarzanek E., Vollmer W.M., Svetkey L.P., Swain M.C. (2003), The DASH diet and blood pressure. Current Atherosclerosis Reports 5, 484-491.

Craddick S.R., Elmer P.J., Obarzanek E., Vollmer W.M., Svetkey L.P., Swain M.C.(2003). The DASH diet and blood pressure. Current Atherosclerosis Reports 5, 484-491.

Cray J.M., Emenheiser D.A., Bruce A.R.(1995). Healthful menu offering in restaurants: A survey of major US chain. Journal of Food service System 8, 91-101.

Devine A., Criddle R.A., Dick I.M., Kerr D.A., Price R.L.(1995). A logitudinal study of the effect of sodium and calcium intake on regional bone density in postmenopausal women. American Journal of Clinical Nutrition 62, 740-745

Elliot P., Stamler J., Nichols R., Dyer A.R., Stamler R., Kesteloot H., Marmot M. (1996), Intersalt revisited: further analyses of 24 hour sodium excretion and blood pressure within and across populations. Intersalt Cooperative Research Group. British Medical Journal 18; 312(7041), 1249-1253.

FDA(2003). "Restaurants and Food Labeling Focus Group Reserch." FDA CFSAN.

FDA(2008). "A Labeling Guide for Restaurants and Other Retail Establishments Selling Away-From-Home Foods." U.S. Office of Nutrition. Labeling, and Dietary Supplements.

Feddersen, T.J., Gilligan, T.W.(2001). Saints and markets: Activists and the supply of credence goods. Journal of Economics and Management Strategy 10, 149–171.

Feldman R.D., Logan A.G., Schmidt N.D.(1996). Dietary salt restriction increases vascular and systemic insulin resistance. Clinical Phrmacology and Therapeutics 60 444-451.

Glanz K, Hewitt AM, Rudd J.(1992). Consumer behavior and nutrition education: an integrative review. Journal Nutrition Education 24, 267-277.

Glanz K, Hoelscher D.(2004). Increasing fruit and vegetable intake by changing environments, policy and pricing: restaurant-based research, strategies, and recommendations. Preventive Medicine 39, S88-S93.

Glik D., Macpherson F., Todd W., Stone K., Ang A., Jones M.C.(2004). Impact of an immunization education program on middle school adolescents. American Journal of Health Behavior 28(6), 487-497.

Haddy, F.J.(2006). Role of dietary salt in hypertension. Life Science 79, 1585-1592.

Harsha D.W., Sacks F.M., Obarzanek E., Svetkey L.P., Lin P.H., Bray G.A., Aickin M., Colin P.R., Miller III E.R., Appell L.J.(2004). Effects of dietary sodium intake on blood lipids. Results from the DASH-Sodium trial. Hypertension 43, 393-398.

He F.J., MacGregor G.A.(2007). Salt, blood pressure and cardiovascular disease. Current Opinion in Cardiology 22(4), 298-305.

He F.J., Markandu N.D., Sagnella G.A., MacGregor G.A.(2001). Effect of salt intake on renal excretion of water in humans. Hypertension 38, 317-320.

He F.J., Marrero N.M., MacGregor G.A.(2008). Salt intake is related to soft drink consumption in children and adolescents: a link to obesity? Hypertension 51, 629-34.

He F.J., Ogden L.G., Vupputuri S., Bazzano L.A., Loria C., Whelton P.K.(1999). Dietary sodium intake and subsequent risk of cardiovascular disease in overweight adults. The Journal of the American Medical Association 282(21), 2027-2034.

He F.J., Oqden L.G., Vupputuri S., Bazzano L.A., Loria C., Whelton P.K.(1999). Dieatary sodium intake and subsequent risk of cardiovascular disease in overweight adults. Journal of the American Medical Association 282(21), 2007-2034.

He F.J., Markandu, N.D., MacGregor, G.A.(2005). Modest salt reduction lowers blood pressure in isolated systolic hyperttension and combined hypertension. Hypertension 46, 66-70.

He, F.J., MacGregor, G.A.(2003). How far should salt intake be reduced?. Hypertension 42, 1,093-1,099.

Heiskannen E., Johnson, M., Robinson, S., Vadovics, E., Saastamoinen M.(2010). Low-carbon communities as a context for individual behavioral change, Energy

Policy 38, 7586-7595.

Hoffmann S., Hutter K.(2011). Carrotmob as a new form of ethical consumption: the nature of the concept and avenues for future research. Journal of Consumer Policy 15, Published online: http://www.springerlink.com/content/h9h3185768751013/fulltext.html.

Institute of Medicine(2005). Dietary reference intakes for water, potassium, sodium, chloride, and sulfate. The National Academies Press, Washington, D.C.

Karanja N.M., Obarzanek E., Lin P.H., McCullough M.L., Phillips K.M., Swain J.F., Champagne C.M., Hoben K.P.(1999). Descriptive characteristics of the dietary patterns used in the Dietary Approaches to Stop Hypertension Trial. Journal of American Dietetic Assoc 99, 19S-27S.

Kirkendall W.M., Conner E.W., Abboud F., Rastogi S.P., Anderson T.A., Fry M.(1976). The effect of dietary sodium chloride on blood pressure, body fluids, electrolytes, renal function, and serum lipids of normotensive man. Journal of Laboratory and Clinical Medicine 87, 418-434.

Klein J.G., Smith N.C., John A.(2002). Why we boycott : Consumer motivations for boycott participation and marketer responses, Center for Marketing Working Paper, 2-701, 1-43.

Jin, G. & Leslie, P.(2003). The effect of information on product quality: Evidence from restaurants hygiene grade cards. The Quaterly Journal of Economics 118(2), 453-517.

Lando A.M., Wolfe J.L(2007). Helping Consumers Make More Food Choices: Consumers Views on Modifying Food Labels and Providing Point-of-Purchase Nutrition Information at Quick-service Restaurants." Journal of Nutrition Education and Behavior 39(3), 157-163.

Macaskill L.A., Dwyer J.J.M., Uetrecht C.L., Dombrow C.(2003). Eat smart! Ontario's Healthy restaurant program: A survey of participation restaurant operators. Canadian Journal of Dietetic Practice and Research 64(4), 202-207

McDaid O., Stewart-Knox B., Parr H., Simpson E.(2007). Dietary zinc intake and sex differences in taste acuity in healthy young adults. Journal of Human Nutrition Dietetics 20(2), 103-110.

Meneton P., Jeunemaitre X., Wardener H.E., MacGregor G.A.(2005). Links between dietary salt intake, renal salt handling, blood pressure, and cardiovascular diseases. Physiological Reviews 85, 679-715.

Morriss F.H., Brewer E.D., Spedale S.B., Riddle L., Temple D.M., Caprioli R.M., West M.S.(1992). Relationship of human milk pH during course lactation to concentrations of citrate and fatty acids. Pediatrics 78, 458-464.

Muhlhauser I., Prange K., Sawicki P.T., Bender R., Dworschak A., Schaden W., Berger M.(1996). Effects of dietary sodium on blood pressure in IDDM patients with nephropathy. Diabetologia 39, 212-219.

Nutrition Labeling in Chain Restaurants: State and Local Bills/Regulations-2007-2008 (2008). www.cspinet.org/nutritionpolicy/MenulabelingBills 2007-2008.pdf. 2008 . 6. 25.

OECD CCP 저, 강성진 역(2011). OECD 소비자정책툴킷. 한국소비자원.

Oles K.S., Denham J.W.(1984). Hyponatremia induced by thiazide-like diuretics in the elderly. Southern Medical Journal 77, 1314-1315.

Orinius E.(1984). Hyponatremia in congestive heart failure treated with diuretics. Acta Pharmacologica Toxicologica 54, S115-S117.

Pafitt A.M.(1983). Dietary risk factors for age-related bone loss and fractures. Lancer 2, 1181-1185.

Park Y.W., Zhu S., Palaniappan L., Heshka S., Carnethon M.R., Heymsfield S.B. (2003). The metabolic syndrome: prevalence and associated risk factor findings in the US population from the third National Health and Nutrition Examination Survey, 1988-1994. Archives of International Medicine 163(4), 427-436.

Perlmutter CA, Canter DD, Gregoire MB.(1997). Profitability and acceptability of fat-and sodium-modified hot entrees in a worksite cafeteria. Journal of American Dietetics Association, 97, 391-395.

Pezzullo, P.C.(2011). Contextualizing boycott and buycott: the impure politics of consumer-based advocacy in an age of global ecological crisis. Communication and Critical/Cultural Studies 8, 124-145.

Pietinen P.(1982). Estimating sodium intake from food consumption data. Ann Nutr Metab 26, 90-99.

Quereda C., Orte L., Sabater J., Navarro-Antolin J., VillaFruela J.J., Ortuno J.(1996). Urinary calcium excretion in treated and untreated essential hypertension. Journal of American Medicine 231, 187-194.

Rhee M.Y., Yang S.J., Oh S.W., Park Y., Kim C.I., Park H.K., Park S.W., Park C.Y. (2011), Novel genetic variations associated with salt sensitivity in the Korean population. Hypertension Research 34, 606-611.

Ruppert M., Diehl J., Kolloch R., Overtlack A., Kraft K., Gobel B., Hittel N., Stumpe K.O.(1991). Short-term dietary sodium restriction increases serum lipids and insulin in salt -sensitive and salt-resistant normotensive adults. Klinische Wochenschrift 69,

51-57.

Savage L.C., Johnson R.K.(2006). Labelling in restaurants: will it make a difference? Nutrition Bulletin 31, 332-338.

Schiffman, S.S., Gatlin, C.A.(1993). Clinical physiology of taste and smell. Annual Review of Nutrition 13, 405-436.

Schorr U., Distler A., Sharma A.M.(1996). Effect of sodium chloride and sodium bicarbonate-rich mineral water on blood pressure and metabolic parameters in elderly normotensive individuals:A randomized double-blind crossover trial. Journal of Hypertension 14, 131-135.

Sen S., Girhan-Canli Z., Morwitz F.(2011). Withholding consumption: a social dilemma perspective on consumer boycott. Journal of Consumer Research 28, 399-417.

Shortt C, Madden A, Flynn A, Morrissey PA (1988): Influence of dietary sodium intake on urinary calcium excretion in selected Irish individuals. Europian Journal of Clinical Nutrition 42(7): 595-603

Sonia, A., Lynn, D.S.(2008). Calorie Labeling in New York City Restaurants: An Approach to inform Consumers. NYC Department of Health, 1-41.

Stamler J.(1997). The INTERSALT Study: background, methods, findings, and implications. American Journal of Clinical Nutrition 65(2S), 626-642.

Stamler R.(1991). Implications of the intersalt study. Hypertension 17(S1), 116-120.

Stern P.C., Dietz T., Kalof L., Guagnano, G.A.(1995). Values, beliefs, and proenvironmental action: Attitude formation toward emergent attitude objects. Journal of Applied Social Psychology 25, 1611- 1636.

Stubenitsky K., Aaron J.I., Catt S.L., Mela D.J.(1999). The influence of recipe modification and nutritional information on restaurant food acceptance and macronutrient intakes. Public Health of Nutrition 3(2), 201-209

Swift P.A., Markandu N.D., Sagnella G.A., He F.J., MacGregor G.A.(2005). Modest salt reduction reduces blood pressure and urine protein excretion in black hypertensives: a randomized control trial. Hypertension 46, 308-312.

The Keystone Center(2006). "The Keystone Forum on Away-From-Home Foods: Opportunities for Preventing Weight Gain and Obesity." Final Report.

Tsugane S.(2005). Salt, salted food intake, and risk of gastric cancer: epidemiologic evidence. Cancer Science 96(1), 1-6.

Tuomilehto J., Jousilahti P., Rastenyte D., Moltchanov V., Tanskanen A., Pietinen P.(2001). Urinary sodium excretion and cardiovascular mortality in Finland: a prospective study. Lancet 357(9259), 848-51.

Ueda C., Takaoka T., Sarukura N., Matsuda K., Kitamura Y., Toda N., Tanaka T., Yamamoto S., Takeda N.(2006). Zinc nutrition in healthy subjects and patients with taste impairment from the view point of zinc ingestion, serum zinc concentration and angiotensin con-verting enzyme activity. Auris Nasus Larynx 33(3), 283-288

Walser M.(1961). Calcium balances as a fuction of sodium clearances in the dog. American Journal of Physiology 200(5), 1099-1104.

WHO(2003). Diet, nutrition and the prevention of the chronic diseases. Report of ajoint WHO/FAO expert consulation.

Wootan M., Osborn M.(2006). Availability of nutrition information from chain restaurants in the united states. American Journal of Preventive Medicine 30, 266-268.

World Health Organization.(2003). Diet, nutrition and the prevention of the chronic diseases. Report of a joint WHO/FAO expert consultation.